AF558592

Kleingewerbe gründen leicht gemacht

Die Komplettanleitung zur Existenzgründung:
Wie Sie den Weg in die Selbstständigkeit erfolgreich beschreiten

Johannes Brehme

Alle Ratschläge in diesem Buch wurden vom Autor und vom Verlag sorgfältig erwogen und geprüft. Eine Garantie kann dennoch nicht übernommen werden. Eine Haftung des Autors beziehungsweise des Verlags für jegliche Personen-, Sach- und Vermögensschäden ist daher ausgeschlossen.

ISBN: 978-3969304518

Email: info@edition-lunerion.de
www.edition-lunerion.de

Psiana eCom UG
Berumer Str. 44
26844 Jemgum

INHALT

1. Vorwort

Der Schritt in die Selbstständigkeit erfordert Mut und Selbstvertrauen. Er will gut durchdacht sein – schließlich beinhaltet der Traum auch einige Risiken. Sie möchten mit Ihrem eigenen Gewerbe beginnen? Dann ist es wichtig, sich über einige Details im Vorfeld Klarheit zu verschaffen. Welche Art Unternehmen möchten Sie überhaupt gründen? Eine beliebte Lösung bei Existenzgründern ist das Kleingewerbe. Mit einem Kleingewerbe wagen Sie den Schritt in die Teilselbstständigkeit. Das bedeutet: Sie betreiben Ihr Gewerbe zunächst nur als Nebentätigkeit. Kleingewerbetreibende sind keine Kaufleute im Sinne des Handelsgesetzbuchs und müssen sich daher nicht an die sonst sehr strengen gesetzlichen Vorgaben des Handelsrechts halten. Das kann eine große Erleichterung sein. Schließlich kennen sich nur die wenigsten jungen Gewerbetreibenden mit der Rechtslage aus – und die kann überaus kompliziert sein. Bleibt Ihnen dies erspart, sind die Rechtsvorschriften, nach denen Sie handeln müssen, wesentlich übersichtlicher. So müssen Sie sich beispielsweise mit einem Kleingewerbe nicht ins Handelsregister eintragen lassen. Außerdem sind die Vorgaben, die Ihnen gemacht werden, meistens wesentlich einfacher zu erfüllen – beispielsweise im Bereich der Buchhaltung. Doch dazu später mehr.

Der Schritt in die Selbstständigkeit über das Kleingewerbe bietet einige Vorteile – daneben wartet auf Sie natürlich der Traum von dem eigenen Gewerbebetrieb. Womöglich ein Traum, den Sie schon lange verinnerlicht haben? Um nicht zu vergessen, welche Risiken Sie auch mit einem Kleingewerbe eingehen müssen, sich aber auch nicht durch Angst vor unvorhersehbaren Konsequenzen abhalten lassen, kann Ihnen dieses Buch als wichtiger Ratgeber dienen. Lesen Sie weiter, was Sie in diesem Buch erwartet, und starten Sie Ihren Weg in die Selbstständigkeit. Denn schließlich gehört den Mutigen die Welt!

2. Auf dem Weg in die Selbstständigkeit!

Sie denken darüber nach, ein Kleingewerbe zu gründen? Sie haben vielleicht schon lange einen Traum von einem ganz bestimmten Beruf oder der Selbstständigkeit an sich? Dann ist dieses Buch genau das richtige für Sie!

Ein Kleingewerbe gründen ist ein guter erster Schritt, um die Selbstständigkeit auszutesten, ohne sich direkt von dem bisherigen Hauptjob zu verabschieden. Doch wie startet man mit dem Kleingewerbe? Welche Vorteile bringt das Kleingewerbe gegenüber dem Hauptgewerbe? Was muss dem Finanzamt gemeldet werden und welche Steuern fallen an? Diese und viele andere Fragen stellen sich nicht nur Ihnen, sondern jedem anderen Gewerbegründer. Deshalb finden Sie in diesem Buch eine Reihe hilfreicher Tipps und Informationen.

Lesen Sie weiter und lernen Sie, wieso sich ein Kleingewerbe lohnen kann und welche Vorteile der Start mit dem Kleingewerbe gegenüber dem Hauptgewerbe hat. Machen Sie den Test: Sollten Sie ein Gewerbe gründen oder nicht? Im weiteren Verlauf lernen Sie alles, was Sie für den Start in das Gewerbe noch wissen müssen: Wie melden Sie Ihr Gewerbe an? Wie funktioniert die Buchhaltung? Welche steuerlichen Besonderheiten müssen Sie beachten? Sie werden schnell merken, dass ein Kleingewerbe viel Arbeit bedeutet, doch die Antworten auf Ihre Fragen oft weniger kompliziert sind, als Sie denken.

Natürlich finden Sie auch ausführliche Schritt-für-Schritt-Erklärungen. Die erste der Detailerklärungen erhalten Sie im Abschnitt zum Fragebogen zur steuerlichen Erfassung: Hier finden Sie eine Schritt-für-Schritt-Anleitung zu diesem Fragebogen, damit beim Finanzamt nichts schiefgeht. Im späteren Teil des Buches erhalten Sie eine weitere Schritt-für-Schritt-Erklärung zur Gewerbegründung allgemein. So können Sie noch einmal alle Schritte auf einen Blick erhalten und sorgsam nachvollziehen.

Möglicherweise fühlen Sie sich anfangs ein wenig überfordert – das ist ganz normal, schließlich steht Ihnen ein großer Schritt bevor. Möglicherweise träumen Sie schon lange von diesem Moment? Oder Sie haben erst kürzlich gemerkt, dass Ihre Erfüllung möglicherweise in einem neuen Projekt liegt? Was immer es ist: Die Aufregung ist sicherlich zu Recht da. Doch davon sollten Sie sich nicht abhalten lassen. Um Ihnen den bestmöglichen Start zu geben, erhalten Sie in diesem Buch auch einige Tipps zu den häufigsten Fehlerquellen. Was die häufigsten Fehler bei der Gewerbegründung sind und wie Sie diese vermeiden, lesen Sie gegen Ende des Buches. So haben Sie die Gelegenheit, anderen bereits einen Schritt voraus zu sein. Und machen Sie sich keine Gedanken, falls doch mal etwas anders läuft, als geplant – das kommt bei den besten vor und lässt sich sicherlich wieder korrigieren. Haben Sie Mut und wagen Sie jetzt Ihren Schritt in die Selbstständigkeit.

In diesem Sinne: Viel Spaß beim Lesen und viel Erfolg beim Gründen!

3. Das Kleingewerbe

Zu Beginn dieses Buches befassen wir uns damit, was ein Kleingewerbe überhaupt ausmacht. Was sind die Unterschiede zwischen einem Neben- und einem Hauptgewerbe? Wer kann ein Kleingewerbe anmelden? Und welche Vor- und Nachteile verbergen sich dahinter? Diese und viele andere Fragen werden in diesem ersten Kapitel beantwortet.

3.1 GRUNDSÄTZLICHES – NEBEN- UND HAUPTGEWERBE

Rechtlich betrachtet wird in Deutschland unter dem Begriff ‚**Gewerbe**' eine *planmäßige, auf Dauer angelegte selbstständige* Tätigkeit verstanden, die mit der Absicht, Gewinne zu erzielen, vorgenommen wird. Ausgenommen von dieser Definition sind Land- und Forstwirtschaftsbetriebe und sogenannte freie Berufe. Juristisch betrachtet ist eine selbstständige Tätigkeit *auf Dauer angelegt*, wenn die Absicht dahintersteht, die Tätigkeit über einen längeren, unbegrenzten Zeitraum durchzuführen. Wie lange die Tätigkeit tatsächlich ausgeübt wird, ist unerheblich – wichtig ist nur die anfängliche, *dauerhafte* Absicht.

Ein Beispiel: Wenn Sie vorhaben, nur für zwei Wochen auf einem Festival oder Weihnachtsmarkt auszuschenken, handeln Sie nicht mit der Absicht, auf Dauer zu arbeiten. Sie begrenzen Ihre Arbeitsdauer von vornherein. Das gilt auch, wenn Sie beispielsweise nach den zwei Wochen noch zwei weitere Wochen bis zum Ende der Marktzeit dranhängen möchten. Hingegen liegt eine dauerhafte Absicht vor, wenn Sie Ihren Stand mit der Absicht aufbauen, auf unbestimmte Zeit auszuschenken. Gehen Sie beispielsweise davon aus, zunächst auf einem Weihnachtsmarkt auszuschenken und danach immer weiter zu anderen Märkten und Festivals zu ziehen, beabsichtigen Sie, Ihr Gewerbe auf Dauer auszuüben. Das gilt auch, wenn Sie nach vier Wochen merken, dass Sie doch keine Lust mehr auf die Tätigkeit haben, und früh wieder abbrechen.

Die sogenannten **freien Berufe** werden steuerrechtlich gesondert betrachtet. Zu ihnen zählen nach dem Einkommenssteuergesetz (EStG) selbstständig ausgeübte

- wissenschaftliche,
- künstlerische,
- schriftstellerische,
- unterrichtende sowie
- erzieherische Tätigkeiten.

Das Gesetz listet daneben noch eine Reihe besonderer Berufsgruppen auf, die ebenfalls zu den freien Berufen zählen, sofern sie selbstständig arbeiten.

Diese lauten:

- Ärzte, Zahnärzte und Tierärzte
- Rechtsanwälte, Notare und Patentanwälte
- Vermessungsingenieure und Ingenieure
- Architekten
- Handelschemiker
- Wirtschaftsprüfer
- Steuerberater
- Beratende Volks- und Betriebswirte
- Vereidigte Buchprüfer/ Bücherrevisoren
- Steuerbevollmächtigte
- Heilpraktiker
- Dentisten
- Krankengymnasten
- Journalisten und Bildberichterstatter
- Dolmetscher und Übersetzer
- Lotsen
- und ähnliche Berufe

Nachzulesen ist dies in § 18 Absatz 1 EStG.

Wer selbstständig arbeitet, jedoch nicht unter eine dieser Kategorien fällt, muss grundsätzlich ein Gewerbe anmelden.

Man unterscheidet ferner zwischen einem Neben- und einem Hauptgewerbe. Das Hauptgewerbe stellt eine hauptberufliche Tätigkeit dar. Das Nebengewerbe hingegen ist ein angemeldetes Gewerbe, was nicht dem Haupterwerb dient. Die gesetzliche Grenze zwischen Neben- und Haupterwerb liegt bei **20 Arbeitsstunden** pro Woche. Das ist insbesondere auch für die Sozialversicherungen wichtig. Die eigentliche Arbeitszeit ist dabei überwiegendes Kriterium, wohingegen die Bezeichnung ‚Nebengewerbe' oder ‚Hauptgewerbe' unerheblich ist. Möchten Sie also neben Ihrem Hauptberuf eine selbstständige Tätigkeit aufnehmen, die höchstens 20 Stunden pro Woche einnimmt, wird dies Ihr Nebengewerbe.

Jedes Gewerbe muss in Deutschland angemeldet werden. Die Anmeldung ist dabei immer gleich, egal, ob ein Haupt- oder Nebengewerbe angemeldet wird.

3.2 KLEINGEWERBE & KLEINUNTERNEHMER

Kleingewerbe und Kleinunternehmen sind zwei Begriffe, die sich auf den ersten Eindruck wie Synonyme anhören. Verwechselt werden dürfen sie allerdings nicht – denn sie bedeuten keineswegs das Gleiche.

3.2.1 Das Kleinunternehmen: Fokus Jahresumsatz

Der Begriff „Kleinunternehmen" stammt aus dem Umsatzsteuerrecht. Dieses regelt die Umsatzsteuer, abhängig vom **Jahresumsatz** eines Unternehmens. Wer maximal 22.000 € Jahresumsatz macht, muss keine Umsatzsteuer auf Rechnungen ausweisen. Zur Kleinunternehmerregelung gehört außerdem, dass im laufenden Kalenderjahr kein höherer Jahresumsatz als 50.000 € erwartet wird.

Wer nach dem Umsatzsteuerrecht ein Kleinunternehmer ist und gleichzeitig ein Gewerbe führt, fällt auch unter die **Kleingewerberegelung**. Mehr zur Kleinunternehmerregelung erfahren Sie im späteren Kapitel „Buchhaltung".

Allerdings müssen die beiden Begriffe nicht immer zusammenfallen. Wer beispielsweise Freiberufler ist (d. h. einem freien Beruf nachgeht) und unter die Jahresumsatzgrenze (22.000 €) fällt, ist ebenfalls Kleinunternehmer, ohne Gewerbebetreiber zu sein. Geregelt ist die Jahresumsatzregel in § 19 des Umsatzsteuergesetzes (UStG).

Wer hingegen ein Gewerbe führt, das keine kaufmännische Organisation benötigt (da es beispielsweise sehr klein und überschaubar ist und nur einen weiteren Mitarbeiter führt), aber dennoch 60.000 € Umsatz pro Jahr macht, fällt nur unter die Kleingewerberegelung. Mithin liegt für das Finanzamt kein Kleinunternehmer vor und Umsatzsteuer muss gezahlt werden. Die wichtigste Unterscheidung ist die Umsatzgrenze.

3.2.2 Das Kleingewerbe: Fokus Geschäftsumfang

Der Begriff „Kleingewerbe" stammt aus dem Handels- und Gesellschaftsrecht. Hier wird die Bezeichnung abhängig vom **Geschäftsumfang** vorgenommen. Entspricht dieser Geschäftsumfang „nach Art und Umfang" nicht einem Betrieb, der „einen in kaufmännischer Weise eingerichteten Geschäftsbetrieb (...) erfordert", liegt ein Kleingewerbe vor.

Ein Beispiel: Ein kleiner Ausschank auf dem Weihnachtsmarkt erfordert in der Regel keinen kaufmännisch organisierten Geschäftsbetrieb. Er ist übersichtlich genug.

Ein kaufmännisch eingerichteter Betrieb ist einer, der so groß und unübersichtlich ist, dass er nur durch eine kaufmännische professionelle Organisation lenkbar bleibt, beispielsweise ein Betrieb mit sieben Filialen und Auslandsaufträgen. Mehr zu diesen Unterscheidungen lesen Sie im Kapitel über rechtliche Bedingungen.

Geregelt ist dies in § 1 Absatz 2 des Handelsgesetzbuchs (HGB). Diese Regelung stellt eine Ausnahme zum sogenannten **Kaufmannsgrundsatz** dar: Nach § 1 Absatz 1 HGB gelten Gewerbetreiber grundsätzlich als Kaufleute und müssen sich an die teilweise strengen und komplizierten Vorschriften des Handelsgesetzbuchs halten. Kleinunternehmer müssen dies nicht. Sie gelten aufgrund der Ausnahmeregelung nicht als Kaufleute. Im Einzelnen bedeutet das beispielsweise:

- Kleingewerbetreibende müssen ihr Gewerbe nicht ins Handelsregister eintragen

- Sie müssen keine doppelte Buchführung führen

- Sie können sich Bilanzen sparen

- Sie können kaufmännische Branchengepflogenheiten und Spezialvorschriften missachten

Die **Kaufmannseigenschaft** wird anhand von mehreren Faktoren geprüft. Dazu gehören beispielsweise

- die Mitarbeiterzahl,
- das Betriebsvermögen,
- das eingesetzte Fremdkapital,
- die Anzahl der Geschäftsbeziehungen und
- die Anzahl der Geschäftsvorfälle.

Genaue Grenzen sind nicht festgeschrieben, vielmehr wird eine Gesamtbetrachtung vorgenommen. Im Übrigen richten sich die Regelungen über das Kleingewerbe nach dem Bürgerlichen Gesetzbuch. Insbesondere die Regelungen zum Kauf und Verkauf sind für nicht-kaufmännische Gewerbe relevant. Dazu zählen:

- Die Pflicht zur Zahlung des Käufers

- Die Pflicht zur Leistung des Verkäufers

- Die Pflicht zur Beseitigung von Sach- und Rechtsmängeln des Verkäufers

Spezielle Regelungen können sich in der Gewerbeordnung oder in Steuer- und Sozialgesetzen finden. Zu den wichtigsten dieser Regelungen werden Sie im späteren Verlauf des Buches noch kommen. Beispielsweise wird es dabei um die Zulässigkeitsprüfung in bestimmten Gewerben gehen oder um die Pflicht zum Nachweis bestimmter Qualifikationen (etwa Meisterbrief im Handwerk).

Wer ein Kleingewerbe betreibt, kann unter die Kleinunternehmerregelung fallen – allerdings nur, solange der Jahresumsatz des ersten Jahres 22.000 € nicht überschreitet. Andernfalls sind Kleingewerbetreibende einfache Unternehmer bzw. Kaufleute. Das bedeutet, dass sie sich als Unternehmer bei Geschäftsabwicklungen auch nicht auf Verbraucherschutzregelungen berufen dürfen. Zu diesen Verbraucherschutzvorschriften zählt beispielsweise das bekannte 14-tägige Rückgaberecht im Versandhandel.

Ein Beispiel: Wenn Sie als Kleinunternehmer von einem Versandhandel Produkte kaufen, die Sie für Ihren Betrieb benötigen, haben Sie das 14-tägige Rückgaberecht des Verbraucherschutzes. Handeln Sie hingegen als Kaufmann, steht Ihnen kein Rückgaberecht zu – es sei denn, der Versandhandel räumt Ihnen auch als Kaufmann ein gesondertes Rückgaberecht ein. Dies ist aber regelmäßig nicht der Fall. Gefallen Ihnen die Produkte nicht, bleiben Sie womöglich darauf sitzen.

Die Regelungen wurden aufgestellt, um den im Verhältnis „schwächeren" (da unerfahrenen) Verbraucher zu schützen. Wer jedoch selbst ein Unternehmer (oder Kleinunternehmer) ist, muss sich in der Branche besser auskennen und andere Risiken aufnehmen. Das bedeutet, dass er rechtlich gesehen im Vergleich zum privaten Verbraucher als weniger schützenswert gilt.

3.3 WER KANN EIN KLEINGEWERBE ANMELDEN?

Vielleicht stellen Sie sich jetzt auch die Frage: Wer kann eigentlich ein Kleingewerbe anmelden? Ist dies ohne Weiteres für jede Person möglich? Dank der sogenannten Gewerbefreiheit ist die Anmeldung tatsächlich in vielen Fällen kein Problem.

3.3.1 Der Grundsatz der Gewerbefreiheit

In Deutschland gilt grundsätzlich Gewerbefreiheit. Das bedeutet, jeder, der möchte, darf ein Gewerbe gründen. Geregelt ist dies in § 1 Absatz 1 der Gewerbeordnung (GewO). Bestimmte Voraussetzungen sind nicht geregelt. Da ein Kleingewerbe außerdem sowohl Haupt- als auch Nebenberuf sein kann, eignet sich die Gründung grundsätzlich für jeden – auch für bereits Berufstätige. Damit haben nahezu alle Personengruppen die Möglichkeit, ein (Klein-) Gewerbe zu gründen: Arbeitnehmer, Angestellte, Studierende, Hausfrauen und -männer, Rentner. Ausnahmen können nur durch bestimmte Beschränkungen der Gewerbeordnung greifen.

3.3.2 Die Grenzen der Gewerbefreiheit

Bestimmte Branchen unterliegen gesetzlichen Beschränkungen der Gewerbefreiheit. Dies gilt beispielsweise für **Gaststättengewerbe** oder das **Handwerk**. Gesetzliche Beschränkungen finden sich überwiegend in speziellen Gesetzen und Ordnungen. Dazu zählen etwa das Gaststättengesetz, die Handwerksordnung oder auch das Bundes-Immissionsschutzgesetz. Beispielsweise erhebt das Bundes-Immissionsschutzgesetz Einschränkungen zu erlaubtem Lärm im Rahmen der gewerblichen Tätigkeit. So können Auflagen erlegt werden, die dem Nachbarschaftsschutz oder dem Arbeiterschutz dienen.

Außerdem kennt das Gesetz sogenannte erlaubnispflichtige Gewerbe, die eine besondere Zulassung benötigen. Dazu zählen beispielsweise Gewerbe im Glücksspiel, Maklergewerbe und Bewachungsgewerbe. Die einzelnen Zulassungsbedingungen sind gesetzlich geregelt. In vielen Fällen wird besonders auf die Zuverlässigkeit eines Gewerbetreibenden geachtet.

Im Gaststättenbereich muss ein Gewerbetreibender beispielsweise zuverlässig sein, um Raucherverbote, Hygienevorschriften und andere Sicherheitsvorschriften zufriedenstellend zu erfüllen. Scheint der Gewerbetreibende das Zuverlässigkeitskriterium nicht zu erfüllen, wird ihm im Zweifelsfall die Zulassung verweigert. Für Handwerker gilt grundsätzlich die Pflicht zum Meisterbrief. Sie sollten sich in diesen Fällen daher stets an die Kriterien halten.

3.4 GRENZFÄLLE & EHRENAMTLICHE TÄTIGKEITEN

Nicht immer kann klar unterschieden werden, ob eine Tätigkeit einem freien Beruf oder einem Gewerbe zuzuordnen ist. Die Grenzen sind häufig fließend oder hängen von besonderen Details ab. So ist beispielsweise nicht immer auf den ersten Blick ersichtlich, ob es sich bei einer künstlerischen Tätigkeit um ein Kunstgewerbe oder einen freiberuflichen Künstler handelt. Bevor Sie sich für ein Gewerbe entscheiden, sollten Sie sich daher über Grenzfälle und ähnliche Möglichkeiten informieren.

3.4.1 Grenzfälle, Freiberufler und Co.

Ein verbreiteter Grenzfall ist beispielsweise der Unternehmensberater: Haben Sie eine betriebswirtschaftliche Ausbildung und möchten die Tätigkeit des Unternehmensberaters ausüben, haben Sie gute Chancen, auf Wunsch hin als Freiberufler eingestuft zu werden. Haben Sie diese Ausbildung hingegen nicht, stuft das Finanzamt die Tätigkeit häufig als Gewerbe ein. Sie sehen schon: Grenzfälle zu klären ist nicht immer einfach oder nachvollziehbar. Streben Sie ein Berufsfeld an, das auch unter die Kategorie der freien Berufe, auch ‚Katalogberufe', fallen könnte, sollten Sie sich daher im Vorfeld genauer über die Möglichkeiten informieren. Mögliche Grenzfälle könnten beispielsweise folgende sein:

- Transkribieren überwiegend wissenschaftlicher Texte und Interviews: Die Arbeit mit wissenschaftlichen Texten könnte grundsätzlich den freiberuflichen Tätigkeiten zugeordnet werden. Das Transkribieren von Interviews könnte jedoch eine nicht ausreichend wissenschaftliche Tätigkeit sein – erst recht, wenn es sich teilweise auch um nicht-wissenschaftliche Texte handelt.

- Influencer und Blogger befinden sich oft an der Grenze zwischen Gewerbe und Freiberuf. Grundsätzlich wird meistens von einem Gewerbe ausgegangen – bei künstlerischen Tätigkeiten kann dies jedoch anders eingestuft werden. Die Frage ist dabei immer, ob die jeweilige Tätigkeit ausreichend eigenschöpferisch ist, um als künstlerische Tätigkeit eingestuft zu werden.

- Die Tätigkeit eines Bloggers könnte sich unter Umständen auch mit journalistischer Tätigkeit überschneiden und zu einem Grenzfall werden.

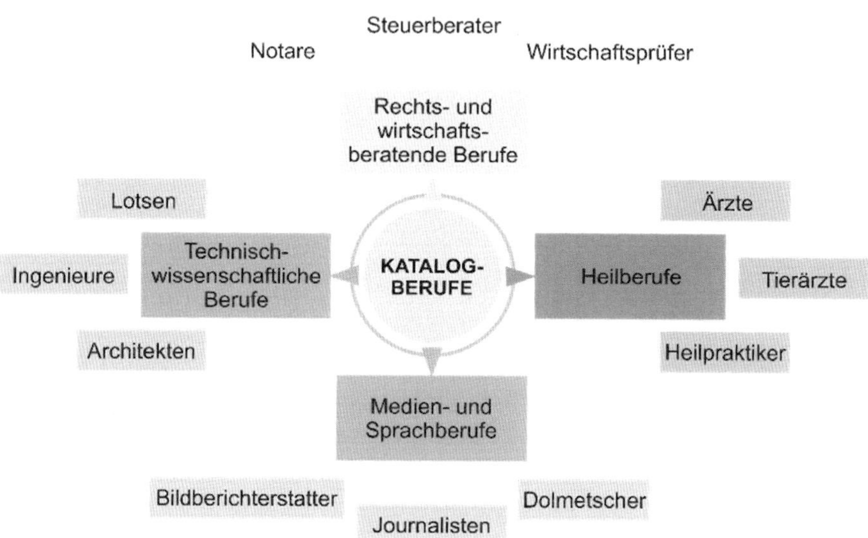

Da Freiberufe nicht abschließend definiert werden, können auch Berufe abseits des Katalogs aus dem EStG als freie Berufe gelten. In der Regel handelt es sich dabei jedoch um Berufe, die den Katalogberufen sehr ähnlich sind. Meistens wird darauf geachtet, ob es sich bei der Tätigkeit um eine **Dienstleistung höherer Art** handelt. Ein wichtiges Indiz für die Einstufung in die Kategorie der Freiberufler ist die **Erforderlichkeit eines (Fach-) Hochschulstudiums**. Ist die Erforderlichkeit für diesen Ausbildungsweg gegeben, stufen die Behörden den Beruf häufig als Freiberufler ein. Dies ist jedoch ebenfalls kein zwingendes Kriterium. Ganz eindeutig zu den Gewerben werden die folgenden Tätigkeiten zugeordnet:

- Der Handel
- Die Produktion
- Das Handwerk
- Beratungstätigkeiten, die keine Hochschulausbildung erfordern, wie der PR-Berater
- Vermittlertätigkeiten, wie Jobbörsen oder Mitfahrzentralen
- Verwertungen urheberrechtlich geschützter Leistungen, wie Galerien und Verlage

In der Regel wird der Gewerbebegriff weit ausgelegt. Eine Einschätzung von einer fachlichen Stelle (etwa die Handelskammer) kann im Zweifelsfall bei Unsicherheiten und Streitigkeiten helfen.

Wenn Sie im Hinblick auf die Gewerbesteuerpflicht mehr Gewissheit haben möchten, können Sie beim Finanzamt im Vorfeld eine unverbindliche Auskunft erhalten.

3.4.2 Ehrenämter

Ehrenämter sind nicht eindeutig definiert. Vielfach wird ein Ehrenamt jedoch als eine Tätigkeit beschrieben, die für eine Organisation *freiwillig* und *ohne Vergütung* geleistet wird. Ein Ehrenamt wird auch als „ehrenamtliches Engagement“ oder als „freiwillige, gemeinnützige Arbeit“ oder „Freiwilligenarbeit“ bezeichnet. Solche Ehrenämter können grundsätzlich auf allen Ebenen und in allen Bereichen stattfinden: Politische Ehrenämter sind gerade bei jungen Leuten und auf regionaler Ebene verbreitet, die Feuerwehr und Sportvereine sind bekannte Anbieter für Ehrenämter und auch die Arbeit als Schöffe oder die Mitarbeit bei einer gemeinnützigen Organisation kann ein Ehrenamt darstellen. Manchmal erhalten ehrenamtliche Mitarbeiter für ihre geleistete Arbeit eine Aufwandsentschädigung. Und genau dort wird es häufig schwierig: Ab wann gilt eine Aufwandsentschädigung noch als solche und ab wann als Vergütung für die Arbeit? Wo liegt die Grenze zwischen Ehrenamt und Job?

Ehrenämter müssen nicht in einem rein ehrenamtlichen Setting stattfinden. So können beispielsweise auch Personalverantwortliche mit Ehrenämtern und deren Schwierigkeiten konfrontiert werden: Etwa, wenn ein Migrant als Auszubildender eingestellt wird, der der deutschen Sprache noch nicht vollkommen mächtig ist. Findet sich ein engagierter ehemaliger Mitarbeiter, der sich diesem Auszubildenden als Coach und Übersetzer anbietet, wird dies als Ehrenamt betrachtet. Doch sollte der ehemalige Mitarbeiter eine Aufwandsentschädigung für diese Tätigkeit bekommen? Und ab wann wird die Grenze zur Anstellung zu dünn? Wie sieht es beispielsweise mit freiwilligen Helfern im Seniorenheim aus?

Das Problematische bei der Einschätzung ist, dass nirgendwo eindeutig geklärt ist, wo genau die Grenze liegt. Sehr häufig muss der Einzelfall mit all seinen Einzelheiten betrachtet werden. Dabei spielt natürlich der Arbeitsaufwand eine große Rolle. Noch wichtiger ist in vielen Fällen die Höhe der Aufwandsentschädigung (wenn denn eine anfällt). Ein Ehrenamt wird in der Regel selbst mit einer guten Aufwandsentschädigung auf keinen zufriedenstellenden Stundenlohn kommen (im Vergleich zu einer festen und vergüteten Arbeitsstelle). Wichtig ist die Einstufung vor allem für die Sozialversicherung. Wer als Gewerbetreibender beispielsweise Mitarbeiter und ehrenamtliche Helfer engagieren möchte, muss wissen, dass die Unterschiede klar geregelt sind, damit Versicherungen und Finanzämter keine Probleme machen. Im Zweifelsfall sollte auch diesbezüglich professionelle Beratung aufgesucht werden. Das erspart in der Regel einige Schwierigkeiten.

3.5 ACHTUNG, SCHEINSELBSTSTÄNDIGKEIT

Der Begriff „Scheinselbstständigkeit“ bezeichnet ein Arbeitsverhältnis zwischen einem selbstständig auftretenden Auftragnehmer und einem Auftraggeber. Der Auftragnehmer ist vertraglich als selbstständig betitelt, tatsächlich würde eine objektive Beurteilung aller Kriterien den Auftragnehmer jedoch als Arbeitnehmer einstufen.

Arbeitnehmer sind versicherungspflichtig als solche zu melden. Aufgrund dieser Tatsache kann die Scheinselbstständigkeit beide Vertragspartner die Existenzgrundlage kosten. Wer einem Vertrag zustimmt, der diese Kriterien erfüllen könnte, sollte daher besonders vorsichtig sein.

Im Klartext bedeutet dies: Überprüfen Sie stets die Umstände und Einzelheiten der Selbstständigkeit – das gilt sowohl für Sie selbst als auch für Ihre Vertragspartner. Gehen Sie keine Risiken ein, wenn Sie sich nicht sicher über den Zustand der Selbstständigkeit sind. Selbstständigkeit bedeutet im weitesten Sinne, dass Sie nicht weisungsgebunden sind und nicht nur einem Auftraggeber unterliegen. Bezeichnen Sie sich als selbstständig, arbeiten im Grunde aber permanent nur für einen einzigen Auftraggeber, kann dies zu Problemen führen. Schließlich kann dadurch ein Verhältnis entstehen, das eher dem zwischen Arbeitnehmer und Arbeitgeber ähnelt.

Grundsätzlich könnte jeder Selbstständige, der Auftragsarbeiten anfertigt, Gefahr laufen, in die Scheinselbstständigkeit zu fallen. Besonders freie Berufe sind dafür anfällig, aber auch Gewerbetreibende können unter die Kategorie fallen.

Berater, Designer, Honorarärzte, Kurierfahrer, Reinigungskräfte und Speditionsfahrer sind nur einige Beispiele für Berufe, die diesbezüglich gefährdet sind. Drei Faktoren sind dabei maßgeblich:

1. Es werden keine versicherungspflichtigen Mitarbeiter durch den Auftragnehmer beschäftigt

2. Der vermeintliche Selbstständige ist überwiegend für einen einzigen Auftraggeber tätig (mindestens 83 %)

3. Die Aufträge dieses Auftraggebers machen mindestens 5/6 des Umsatzes des vermeintlichen Selbstständigen aus

Eine Prüfung über die Selbstständigkeit kann von mehreren Stellen durchgeführt werden: Darunter beispielsweise von einem Arbeitsgericht, vom Finanzamt oder auch von Sozialversicherungen. Auch Auftraggeber und -

nehmer haben das Recht dazu – etwa, wenn ein Auftraggeber ein Vertragsverhältnis beenden möchte. Im Rahmen der Prüfung werden die geschlossenen Verträge sowie die tatsächlichen Verhältnisse im Berufsalltag überprüft. Dabei müssen die Prüfer Beweise für die Scheinselbstständigkeit finden. Zumeist werden die folgenden und ähnliche Fragen gestellt:

1. Ist der Auftragnehmer frei von Weisungen des Auftraggebers?
2. Kann der Auftragnehmer die Arbeitszeiten selbst bestimmen oder werden sie ihm vorgegeben?
3. Sind die Aufgaben des Auftragnehmers ausreichend von den Aufgaben der Festangestellten getrennt?
4. Muss der Auftragnehmer regelmäßig Berichte über seine Leistungen abgeben?
5. Kann der Auftragnehmer seinen Arbeitsplatz frei wählen?
6. Ist der gesamte Außenauftritt des Auftragnehmers die eines Selbstständigen? Nutzt er beispielsweise auch eigene Visitenkarten, eigenes Briefpapier etc.?
7. Unternimmt der Auftragnehmer eigene Kundenakquise und Werbung?

Wird die Scheinselbstständigkeit nach umfassender Prüfung bejaht, treten Folgen für beide Vertragspartner auf. So können Nachzahlungen von Sozialversicherungen und Lohnsteuer anfallen. Nachzahlungen können in der Regel bis zu vier Jahre rückwirkend eingefordert werden.

Wurde hingegen Vorsatz in Bezug auf die Scheinselbstständigkeit nachgewiesen, können Nachzahlungen sogar bis zu 30 Jahre rückwirkend eingefordert werden. Dürfen beide Vertragspartner die Arbeit weiterhin ausüben, wird der Scheinselbstständige zum Angestellten, mit all dessen Rechten und Pflichten (beispielsweise Kündigungsschutz und Urlaubsanspruch). Im schlimmsten Fall kann es für die Scheinselbstständigkeit rechtliche Konsequenzen geben. Schließlich kann hinter dem Fall auch Steuerhinterziehung stecken. Wurde die Selbstständigkeit mit Vorsatz durchgeführt und kann dieser Vorsatz nachgewiesen werden, hat das erhebliche rechtliche Folgen.

Merken sollten Sie sich bezüglich des Vorsatzes den folgenden Merksatz: „Unwissenheit schützt vor Strafe nicht" – ein Satz aus dem Rechtswesen. Er besagt, dass auch Unwissende für eine Straftat belangt werden können.

Falls Sie also ohne Vorsatz handeln, schützt Sie das nicht. Die Strafe kann nur milder ausfallen, als wenn Sie mit Vorsatz gehandelt hätten. Als Selbstständiger erwartet man von Ihnen, dass Sie sich das nötige Wissen aneignen. Falls Ihnen dabei der Fehler passiert, in die Scheinselbstständigkeit zu geraten, müssen Sie dafür Verantwortung übernehmen und die Konsequenzen tragen. Daher ist es wichtig, sich vorher in Ruhe zu informieren und aufzupassen. Prüfen Sie daher jeden Dienstvertrag sorgfältig, den Sie von einem Auftraggeber erhalten.

Achten Sie insbesondere darauf, ob Sie noch die unternehmerische **Freiheit** und das unternehmerische **Risiko** tragen, wenn Sie den Vertrag unterzeichnen. Besonders bei Freiberuflern sollte auch ein Hinweis vorhanden sein, dass der Freiberufler dem Auftraggeber keinerlei **Weisungsbefugnis** unterliegt.

Falls Sie sich unsicher sind, können Sie das Thema Scheinselbstständigkeit gerne mit Ihrem Auftraggeber diskutieren. Häufig wissen Auftraggeber selbst nicht, welche Konsequenzen eine ungünstige Klausel im Dienstvertrag haben kann. Sensible Details frühzeitig anzusprechen, kann Ihnen beiden viel Ärger ersparen.

Wenn Sie sich zusätzlich absichern möchten, sollten Sie sich innerhalb der ersten drei Monate nach Arbeitsaufnahme von der Rentenversicherungspflicht befreien lassen. Stellen Sie dafür einen Antrag beim Deutschen Rentenversicherung Bund. Der Status der Selbstständigkeit wird dort aufgenommen und kann im Zweifelsfall von Auftraggeber und -nehmer abgefragt werden. Dies kann auch bei späteren Streitigkeiten ein Indiz darauf sein, dass Sie alles getan haben, um eine Scheinselbstständigkeit zu verhindern.

3.6 VOR- UND NACHTEILE IM ÜBERBLICK

Ein Kleingewerbe kann sowohl im Vergleich zu freien Berufen als auch im Vergleich zu größeren Gewerben Vor- und Nachteile mit sich bringen. Hier finden Sie einen kurzen Überblick über beide Seiten des Kleingewerbes.

3.6.1 Die Vorteile des Kleingewerbes

Ein Kleingewerbe kann viele Vorteile mit sich bringen. Einige haben Sie wahrscheinlich schon im Kopf, wenn Sie darüber nachdenken, selbst eines anzumelden. Hier finden Sie noch einen kurzen Überblick über die wichtigsten Vorteile:

✓ Sie sind Ihr eigener Chef und können weitestgehend zu Ihren eigenen Konditionen arbeiten.

✓ Sie können sich selbst verwirklichen und nebenberuflich einer Arbeit nachgehen, die Sie schon lange interessiert hat oder die vielleicht sogar immer ein geheimer Traum geblieben ist.

✓ Sie können Teilzeit arbeiten und flexibel bleiben. Das ist insbesondere vorteilhaft, wenn Sie hauptberuflich studieren, im Ruhestand sind oder sich um die Kindererziehung kümmern.

✓ Sind Sie hauptberuflich angestellt, bleiben Sie darüber sozialversichert und brauchen sich im Rahmen des Kleingewerbes um nichts weiter kümmern.

✓ Viele Kleingewerbetreibende haben die Möglichkeit, die Kleinunternehmerregelung zu nutzen und so Steuern zu sparen.

3.6.2 Die Nachteile des Kleingewerbes

Ein Kleingewerbe hat allerdings auch Nachteile. Diese Nachteile müssen Sie keinesfalls von der Anmeldung abhalten, sollten von Ihnen aber sorgfältig durchdacht werden. Je besser Sie auch die Nachteile und potenziellen Risikofaktoren im Blick haben, desto besser sind Ihre Erfolgschancen. Die Nachteile auf einen Blick:

- Auch für ein Kleingewerbe ist eine Anmeldung beim Gewerbeamt und die damit einhergehende Beantragung eines Gewerbescheins Voraussetzung. Freiberufler können sich dies sparen.

- Zur Aufnahme des Gewerbes gehört auch die Vorbereitung, beispielsweise die Anmietung von Geschäftsräumen. Bereits zu diesem frühen Zeitpunkt muss die Gewerbeanmeldung erfolgen. Auch wer neu in ein bereits bestehendes Gewerbe eintritt, muss dies anmelden.

- Neben Erklärungen zur Einkommens- und Umsatzsteuer muss jährlich auch eine Gewerbesteuererklärung abgegeben werden.

- Wer nicht unter die Kleinunternehmerregelung fällt, muss außerdem eine monatliche Umsatzsteuervoranmeldung abgeben.

- Wer Mitarbeiter beschäftigen möchte, muss eine Betriebsnummer bei der Agentur für Arbeit beantragen.

- Liegt der Gewerbeertrag bei über 24.500 € (das ist der sogenannte Freibetrag), müssen auch kleine Gewerbe Gewerbesteuer zahlen.

Sie lernen im Folgenden noch wesentlich mehr Details zu Risiken und Hürden des Kleingewerbes kennen. Dies soll Sie nicht von Ihrem Weg abbringen, Ihnen jedoch eine realistische Perspektive geben. Je besser Sie sich mit den potenziellen Schwierigkeiten auskennen, desto besser werden Sie sich darauf vorbereiten können. Das bringt Sie auf den besten Weg Richtung Selbstständigkeit.

4. Selbsttest

4.1 MACHT ES FÜR MICH SINN, EIN KLEINGEWERBE ZU GRÜNDEN?

Sie spielen mit der Idee, ein Kleingewerbe zu gründen, sind aber nicht sicher, ob es für Sie in Ihrer derzeitigen Situation sinnvoll ist? Dann ist der nachfolgende Test genau das Richtige für Sie. Der Test basiert auf den Vor- und Nachteilen eines Kleingewerbes und den speziellen Anforderungen des Gewerbes.

So viel dürfen Sie vorab in Betracht ziehen: Ein Kleingewerbe bringt weniger Risiken mit sich als ein Hauptgewerbe. Mit dem Hauptgewerbe setzen Sie alles auf eine Karte – mit dem Kleingewerbe als Nebenjob haben Sie zunächst noch ein zweites, sicheres Standbein. Sie können Ihrer Geschäftsidee ohne großen Druck nachgehen, während der Hauptjob den Lebensunterhalt sichert. So haben Sie ausreichend Zeit und vor allem weniger Stress, während Sie Ihr Unternehmen etablieren. Außerdem bleiben Sie während dieser Zeit über den Hauptjob sozialversichert – ebenfalls ein weiterer Punkt, der Sicherheit gewährleistet. Ein Kleingewerbe kommt außerdem den Menschen entgegen, die in Teilzeit arbeiten möchten – etwa junge Eltern, Studierende und Ruheständler. Neben dem Kleingewerbe ist ausreichend Zeit, sich um den Aufbau eines Geschäfts, die Familie, das Studium oder andere Vorhaben zu kümmern. Wenn die Lebensumstände ein Hauptgewerbe (noch) nicht zulassen, ein zusätzliches Einkommen jedoch mehr als willkommen ist, ist das Kleingewerbe oft die beste Lösung. Mit dem folgenden Test finden Sie heraus, ob Sie die Eigenschaften mitbringen, die ein Kleingewerbegründer haben sollte. So können Sie herausfinden, an welchen Stellen noch Veränderungsbedarf besteht oder welche Lebensumstände im Augenblick dafür und dagegen sprechen.

4.2 DER TEST

Sind Sie bereit für die Gründung eines Kleingewerbes? Erlauben Ihre Lebensumstände den Aufbau des eigenen Gewerbes? Passt der Weg in die Selbstständigkeit zu Ihnen? Finden Sie es heraus!

Berufliche Fähigkeiten

- ☐ Passt Ihre berufliche Ausbildung oder Ihr Karriereweg zu der Branche, in der Sie sich selbstständig machen möchten?
- ☐ Haben Sie bereits Führungserfahrung gesammelt?
- ☐ Haben Sie kaufmännische Erfahrungen oder gar Qualifikationen?

Finanzielle Voraussetzungen

- ☐ Haben Sie einen Hauptjob, der Ihren Lebensunterhalt ausreichend sichert?
- ☐ Haben Sie ausreichend Ersparnisse oder anderweitige Finanzierungsmöglichkeiten für den Aufbau Ihres Gewerbes?
- ☐ Sind die Finanzierungsquellen sicher und nicht nur potenzieller Natur?

Umfeld und Lebensumstände

- ☐ Lässt sich das Gewerbevorhaben mit Ihrem Familienleben vereinbaren?
- ☐ Erlaubt Ihr Hauptjob die Aufnahme eines Nebenjobs?
- ☐ Falls Sie einen Partner haben: Unterstützt er Ihr Vorhaben?

Persönliche Eigenschaften und Bereitschaften

☐ Sind Sie bereit, in der Anfangsphase mehr als die üblichen Stunden zu arbeiten und extra Zeit einzuplanen?

☐ Sind Sie bereit, während der Anfangsphase weitestgehend auf Urlaub zu verzichten, um die Zeit in den Aufbau und die Etablierung auf dem Markt zu investieren?

☐ Verfolgen Sie mit der Gewerbeidee einen lang ersehnten Traum?

☐ Empfinden Sie Leidenschaft für Ihre Idee?

☐ Waren Sie in den letzten drei Jahren und sind Sie noch überwiegend körperlich fit und leistungsstark?

☐ Halten Sie Stress und unerwartete Probleme gut aus?

☐ Können Sie selbstständig organisiert und lösungsorientiert arbeiten?

☐ Können Sie eigenständig Ziele setzen und verfolgen, ohne unter großen Druck zu geraten?

☐ Sind Sie bereit, Risiken einzugehen und sowohl Zeit als auch Geld in Ihr Vorhaben zu investieren?

☐ Sind Sie flexibel und können gut auf Veränderungen und unerwartete Ereignisse reagieren?

☐ Sind Sie kontaktfreudig (als Gründer eines neuen Gewerbes müssen Sie gerade anfangs viel mit Menschen in Kontakt kommen, Kunden akquirieren und Geschäftspartner etablieren)?

☐ Möchten Sie mit einem sachten Einstieg Erfahrungen im Bereich der Selbstständigkeit sammeln?

4.3 AUSWERTUNG

Zählen Sie Ihre Antworten zusammen. Wie häufig konnten Sie die Fragen mit Ja beantworten? Je nachdem, wie häufig Sie die Fragen bejahen konnten, scheint die Gründung eines Kleingewerbes für Sie sinnvoll (oder derzeit weniger sinnvoll) zu sein. Überprüfen Sie die Antworten und Fragen genau, insbesondere diejenigen, die Sie verneint haben. Wo benötigen Sie noch Hilfe oder Veränderungen? Welche Erfahrungen müssen Sie womöglich noch sammeln, welche Vorbereitungen noch treffen? Arbeiten Sie gezielt an diesen Dingen, um Ihrer Selbstständigkeit einen Schritt näherzukommen.

> Bitte beachten Sie an dieser Stelle, dass der Test keine Garantie für den Erfolg oder Misserfolg Ihres Gewerbes darstellt. Der Erfolg Ihrer Selbstständigkeit hängt insbesondere von Ihrem Ehrgeiz und Ihrer Arbeit ab. Arbeiten Sie zielstrebig, leidenschaftlich und sorgfältig – dann wird sich die Mühe sehr wahrscheinlich auszahlen.

Ihre Auswertung der Fragen kommt hier:

0 bis 7: Arbeiten Sie an den nächsten Zwischenzielen

Haben Sie weniger als achtmal mit Nein geantwortet? Dann sollten Sie Ihren Plan noch einmal detailreicher überdenken. Was treibt Sie an? Verspüren Sie Leidenschaft für Ihr Vorhaben? Haben Sie Ihr Vorhaben gut durchdacht? Sind Sie sicher, dass Sie bereit sind, die Risiken und Arbeitszeiten in Kauf zu nehmen, die mit der Gewerbegründung einhergehen? Oder scheitert es derzeit an Erfahrungen und Wissen in anderen Bereichen? Was immer Sie derzeit verneinen mussten: Gehen Sie in sich und überdenken Sie, wie Sie das Problem lösen können. Erinnern Sie sich daran, warum Sie den Weg in die Selbstständigkeit gehen möchten. Möglicherweise müssen Sie sich weiter mit Finanzierungsmöglichkeiten beschäftigen oder sich mit der Risikobereitschaft anfreunden. Was immer es ist, Sie können an den nächsten Zwischenzielen arbeiten und werden sich bald bereit fühlen.

8 bis 16 Punkte: Sie sind auf dem richtigen Weg

Ihr Ergebnis zeigt es: Sie befinden sich auf einem guten Weg in die Selbstständigkeit. Sie konnten bereits eine Vielzahl an Fragen bejahen. Sehr wahrscheinlich bringen Sie bereits eine gute Portion Gründerpotenzial mit. Nun müssen Sie nur noch überprüfen, wo Sie derzeit noch Schwierigkeiten haben: Sind es vielleicht die Finanzierungsmöglichkeiten oder haben Sie derzeit mit Ihrem Hauptjob bereits so viel zu tun, dass Sie kaum Freizeit haben, die Sie aufwenden können? Überprüfen Sie die Fragen und überlegen Sie sich gezielt Lösungen für die spezifischen „Sorgenstellen". Dieses Buch wird für Sie eine gute Unterstützung im weiteren Verlauf sein. Blättern Sie weiter – womöglich finden Sie die Lösung zu einigen Ihrer Fragen bereits in einem späteren Kapitel. Für bestimmte Fähigkeiten und Kenntnisse können Sie außerdem Workshops oder Kurse besuchen – beispielsweise, um mehr Erfahrungen im Bereich der Buchhaltung zu sammeln. Überlegen Sie sich, ob dies für Sie in Frage kommt oder nicht sogar ein notwendiger nächster Schritt ist. Sie sind sehr nahe dran, Ihren Traum von der Selbstständigkeit verwirklichen zu können.

17 bis 21 Punkte: Sie sind schon fast am Ziel

Sie stehen hinter Ihrer Idee und sind mutig genug, Ihren Traum zu verwirklichen. Überwiegend bringen Sie alles mit, was Sie für Ihr Gewerbe benötigen: Zeit, finanzielle Absicherung und den Wunsch, mit einem Kleingewerbe zu starten. Sie mussten nur wenige Fragen verneinen. Diese sollten Sie noch einmal überprüfen: Können Sie an der Stelle noch arbeiten? Wie können Sie sich dahingehend noch verbessern? Mit lösungsorientiertem und zielstrebigem Arbeiten erreichen Sie Ihr Ziel sicherlich bald. Auf jeden Fall scheint ein Kleingewerbe für Sie derzeit bereits eine sinnvolle Idee zu sein. Sie können den Schritt bereits wagen, während Sie gleichzeitig weiter an den letzten Schliffen arbeiten – genau deshalb starten Sie schließlich mit einem Kleingewerbe und nicht direkt mit einem Hauptgewerbe.

5. Exkurs: Ein Kleingewerbe im Ausland gründen

Denken Sie darüber nach, Ihr Gewerbe im Ausland anzumelden? Haben Sie vielleicht sogar Interesse am Lifestyle der sogenannten digitalen Nomaden? Dann lesen Sie weiter – in diesem Exkurs lernen Sie übersichtlich alles, was Sie zum Thema Kleingewerbe im Ausland wissen müssen!

5.1 VORÜBERLEGUNGEN

In der heutigen Zeit gibt es immer mehr sogenannte digitale Nomaden – also solche Menschen, die sich mit ihrer Arbeit auf keinen festen Wohnsitz festlegen müssen, da sie überwiegend online und am Laptop arbeiten. Mit diesen Möglichkeiten wird auch das Wechseln des Wohnsitzes oder gar das Leben ohne ständigen Wohnsitz für viele Menschen immer attraktiver. Insbesondere freiberufliche Jobs sind für diesen Lifestyle geeignet – solange Internet vorhanden ist, können beispielsweise Blogger von überall aus arbeiten. Am Strand, im Café in New York City oder im Park um die Ecke – die Möglichkeiten scheinen grenzenlos. Klar, dass dieser Traum für viele junge Selbstständige besonders attraktiv ist. Doch nicht nur die Bewegungsfreiheit und die Flexibilität von Freiberuflern sind attraktiv. Auch ein Gewerbe mit ständigem Sitz im Ausland zu gründen, kann attraktiv sein – gerade, wenn es sich um das Traumland des Gründers schlechthin handelt. Doch wenn Sie diesen Traum leben möchten, sollten Sie zuvor einige Details überdenken. Zunächst sollten Sie sich genau überlegen, ob dies für Sie ein ehrlicher Traum ist, den Sie verwirklichen möchten – oder ob es sich eher um Fantasien handelt, die

Sie nicht ernsthaft durchziehen möchten. Denken Sie auch über folgende Fragen nach:

- Möchten Sie im Ausland leben oder möchten Sie dort vorwiegend arbeiten?

- Welche Vorteile erhoffen Sie sich aus dem Gewerbe oder der freiberuflichen Tätigkeit im Ausland?

- Möchten Sie innerhalb der Europäischen Union bleiben oder zieht es Sie weiter weg?

- Aus welchen Gründen möchten Sie im Ausland leben?

- Welche Gründe würden Sie in Deutschland halten?

- Haben Sie Sorgen oder Zweifel in Bezug auf die Arbeit im Ausland?

Haben Sie sich den Schritt genau überlegt? Sicherlich stellen Sie sich in dem Zusammenhang noch eine Menge anderer Fragen: Wie sieht es mit Steuerzahlungen im Ausland aus? Wo melden Sie Ihren Wohnsitz? Wie sieht es mit Kranken- und Rentenversicherungen aus? Und welche anderen Möglichkeiten haben Sie, wenn Sie kein Gewerbe mit Sitz im Ausland gründen möchten, aber dennoch ins Ausland liefern wollen? Die wichtigsten Grundregeln unterscheiden sich ein wenig, je nachdem, ob Sie Freiberufler sind oder ein Gewerbe betreiben.

5.2 GRUNDSÄTZLICHE REGELUNGEN UND GESETZE

Grundsätzlich dürfen Sie als EU-Bürger in jedem EU-Land sowie in Island, Liechtenstein und Norwegen Ihr Unternehmen im Ausland gründen. Das gilt selbstverständlich auch für Einzelunternehmer. Auch dürfen Sie eine Niederlassung oder eine Tochtergesellschaft eines bestehenden inländischen Unternehmens im Ausland aufziehen.

Um ein Gewerbe im Geltungsraum des deutschen Gesetzes – insbesondere der Gewerbeordnung – zu gründen, ist ein Wohnsitz in Deutschland für den

Gründer nicht zwingend notwendig. Das bedeutet, dass Sie grundsätzlich auch aus dem Ausland aus gründen können. Sie könnten also theoretisch in Ihrem Traumland am Strand sitzen und von dort ein Gewerbe mit Sitz in Deutschland betreiben – sofern sich dies organisieren lässt. Die Gewerbeanmeldung findet dann bei einem deutschen Gewerbeamt statt. Möchten Sie diesen Plan vornehmen, sollten Sie bedenken, dass die tatsächlichen gewerblichen Tätigkeiten auch wirklich in Deutschland entfaltet werden müssen. Das bedeutet: Es muss nicht nur der Sitz des Gewerbes in Deutschland liegen, sondern es muss auch der eigentliche Betrieb innerhalb des Landes stattfinden. Wenn Sie diesen Weg einschlagen, können Sie bei der Gewerbeanmeldung eine inländische Betriebsanschrift sowie den Wohnsitz eines Inlandsbevollmächtigten angeben. Als Betriebsstätte können Sie grundsätzlich auch die Anschrift des Inlandsbevollmächtigten angeben – sofern die Art des Gewerbes dies zulässig und sinnvoll erscheinen lässt. Der Inlandsbevollmächtigte kann grundsätzlich jede natürliche Person sein, die Sie als Bevollmächtigten angeben möchten. Bei der Gewerbeanmeldung wird ggf. ein Nachweis des Handlungsbevollmächtigten für den Inlandsbevollmächtigten erforderlich.

5.3 UNTERNEHMEN IM AUSLAND OHNE STAATSBÜRGERSCHAFT?

Viele Menschen fragen sich, ob Sie ein Unternehmen im Ausland auch ohne Staatsbürgerschaft gründen können. Grundsätzlich: Ja. In zahlreichen Ländern weltweit wird Ihnen die Gründung auch ohne Staatsbürgerschaft gestattet. Selbst ein Wohnsitz im jeweiligen Land ist nicht immer Voraussetzung – das gilt sogar für viele Nicht-EU-Staaten. Wichtiger ist, dass Sie sich an die entsprechenden Aufenthaltsgenehmigungsvorschriften und Visum-Vorschriften halten. So wird in einigen Ländern ein Arbeitsvisum nur für bestimmte Berufskategorien vergeben. Möchten Sie in dem Land arbeiten und leben, kann dies in manchen Ländern zu mehr Hürden, in anderen zu weniger Hürden führen. Wichtig ist, dass Sie sich genau über Ihr Zielland informieren und nicht verpassen, entsprechende Anträge rechtzeitig zu stellen. Benötigen Sie beispielsweise ein Visum für eine vollständige Auswanderung, kann dies einige Monate in Anspruch nehmen. Überstürztes Handeln ist hier nicht angebracht. Aus deutscher Sicht ist es wichtig, dass Ihr Geschäft von dem Land aus geleitet wird, in dem es registriert wurde. Die gleiche Regelung gilt für viele andere Staaten. Andernfalls können sehr hohe Steuernachzahlungen anfallen. Wenn Sie mit Ihrem Gewerbe auch den privaten Wohnsitz ins Ausland verlegen wollen, ist dies kein Problem. Möchten Sie hingegen in Deutschland wohnen bleiben, haben Sie die Möglichkeit, einen Geschäftsführer im Ausland einzusetzen oder zu pendeln.

Erlaubt Ihr Traumland Ihnen nicht, ein Gewerbe zu gründen? Dann könnten Sie über einen Treuhänder nachdenken. Ein Treuhänder ist eine Person (oder Institution), die dazu berechtigt bzw. durch Vertrag dazu verpflichtet ist, die Interessen einer anderen Person wahrzunehmen. Treuhänder werden durch Vertrag berechtigt und verpflichtet. Die andere Vertragspartei wird Treugeber genannt. Der Treuhänder hat seinen Namen erhalten, da er seine Verantwortung „in treuen Händen“ ausüben soll. Er erhält in der Regel vollständige Rechtsmacht über bestimmte Belange. Diese Belange werden genau im Treuhandvertrag festgehalten. Sie kennen den Begriff vielleicht schon von sogenannten Treuhandfonds. Als Treuhänder kommt im Grunde jede natürliche Person in Frage. Allerdings erhält diese Person vollständige Rechtsmacht. Sie kümmert sich beispielsweise um Finanzen und Verwaltung eines Betriebs. Das bedeutet, der Treuhänder sollte im Idealfall eine besonders kompetente und vor allem vertrauenswürdige Person sein. Am besten wäre ein Experte auf dem jeweiligen Gebiet – also in Ihrem Fall jemand, der sich sowohl mit der Gewerbearbeit als auch mit der von Ihnen gewählten Branche auskennt.

5.4 WOHNSITZ IM IN- ODER AUSLAND?

Die Frage, ob Sie Ihren Wohnsitz im In- oder Ausland haben möchten, sollten Sie gut überdenken. Fragen Sie sich einerseits nach Ihrem intensiven Wunsch, andererseits aber auch, welche Vor- und Nachteile Sie bedenken müssen. Deutsche Staatsbürger sind grundsätzlich dazu verpflichtet, Steuern gemäß der deutschen Gesetzeslage zu zahlen. Wenn Sie ins Ausland ziehen, kann sich die Situation jedoch ändern. Der Wohnsitz kann durchaus Auswirkungen auf Ihre Besteuerung haben. Verschiedene Konstellationen kommen in Betracht:

1. Sie ziehen ins Ausland, bleiben aber in Deutschland mit offiziellem Wohnsitz gemeldet (beispielsweise im Haus der Eltern, einer Zweitwohnung, im Haus eines Freundes oder Ähnliches) – in dem Fall müssen Sie weiterhin jedes weltweit erzielte Einkommen in Deutschland versteuern. Dies nennt sich unbeschränkte Steuerpflicht.

2. Sie haben Ihren Wohnsitz im Ausland, erlangen aber Einkünfte aus Deutschland – in dem Fall müssen Sie nur deutschlandweite Einkünfte in Deutschland versteuern. Dies nennt sich beschränkte Steuerpflicht.

3. Wenn Sie in ein Land mit Niedrigsteuer ziehen, wirtschaftlich aber fortführend mit Deutschland Beziehungen pflegen, unterliegt das in Deutschland erzielte Einkommen ebenfalls der deutschen Steuerpflicht. Dies wird erweiterte beschränkte Steuerpflicht genannt.

4. Haben Sie weder Wohnsitz noch gewöhnlichen Aufenthalt oder Einnahmen in und aus Deutschland? Dann sind Sie in Deutschland gar nicht steuerpflichtig.

Steuerzahlungen sind in Deutschland im Vergleich zu einigen anderen Ländern recht hoch. Aus dem Grund versuchen viele Menschen, die im Ausland leben, die deutschen Steuern ebenfalls zu umgehen. Je nachdem, wo Sie hinziehen und welche Gewerbeart Sie betreiben, kann es sich jedoch auch finanziell lohnen, nach deutschem Recht besteuert zu werden. Falls Sie bereits ein bestehendes Gewerbe haben, dessen Sitz Sie verlegen möchten, oder aber eine Idee prüfen wollen, sollten Sie mit Ihrem Steuerberater die Details besprechen.

5.5 KRANKEN- UND RENTENVERSICHERUNG

Wer in Deutschland lebt, muss eine Krankenversicherung abschließen. Das gilt in jedem Fall, wenn Sie einen deutschen Wohnsitz haben. Einige Krankenkassen bieten Ihre Leistungen in Form von privaten Krankenversicherungspflichten auch in anderen europäischen Ländern an. Damit hätten Sie die Möglichkeit, sich weiterhin bei Ihrer deutschen Krankenkasse versichern zu lassen – auch wenn Sie im Ausland leben und arbeiten möchten. Die Tarife können sich von denen unterscheiden, die Sie bei Wohnsitz und Arbeit in Deutschland zahlen. Eine Inlandsversicherung erstattet auch nur begrenzt Leistungen im Ausland, die bei regelmäßigen (geschäftlichen) Reisen anfallen. Notwendige Behandlungen werden mit der Europäischen Versicherungskarte erstattet, die jeder in Deutschland Versicherte erhält. Dies gilt jedoch nur für notwendige Behandlungen und Sie erhalten nur die Standardbehandlung des jeweiligen Landes – einen Anspruch auf das, was in Deutschland Standard wäre, haben Sie in der Regel nicht. Zudem nimmt nicht jeder Arzt im Ausland die Karte an und Sie müssen in der Regel in Vorleistung gehen. Für Notfälle und kurzfristig auftretende Probleme ist diese Karte eine gute Lösung – wenn Sie jedoch aufgrund Ihres Gewerbes zwischen In- und Ausland pendeln, lohnt sich meist eine zusätzliche Versicherung.

Eine Alternative zu besonderen Tarifen Ihrer jetzigen Krankenversicherung ist die Auslandskrankenversicherung. Auslandskrankenversicherungen können Sie für unterschiedlich lange Zeiträume abschließen – von wenigen Wochen bis zu mehreren Jahren. Die Versicherungen bieten verschiedenste Leistungen an. Es lohnt sich also, vorher einen umfassenden Vergleich durchzuführen. Einige sogenannte internationale Krankenversicherungen können sogar auf unbestimmte Zeit abgeschlossen werden. Für Auslandskrankenversicherungen benötigen Sie in der Regel keinen deutschen Wohnsitz.

Auch Rentenversicherungen können ein großes Thema sein. Freiberufler oder Selbstständige mit Gewerbe zahlen in der Regel nicht in die gesetzliche Rentenversicherung ein, sondern haben – wenn überhaupt – eine private Versicherung. Einige sorgen auch durch Ersparnisse und Investitionen vor. Eine private Rentenversicherung kann sich lohnen. Ihre Möglichkeiten hängen auch hier unter anderem von Ihrem Wohnsitz ab. Wohnen Sie mit offiziellem Wohnsitz in Deutschland, können Sie in eine deutsche Rentenversicherung einzahlen. Riester-Förderungen können Sie sogar mit Wohnsitz im Ausland erhalten. Auch für Rentenversicherungen sollten Sie Vergleiche vornehmen und auf Ihre individuelle Situation schauen.

5.6 VOR- UND NACHTEILE AUF EINEN BLICK

Die Vor- und Nachteile einer Firma im Ausland können sehr unterschiedlich sein. Dies hängt auch sehr von dem Zielland ab. So gelten einige Länder – beispielsweise Malta, Zypern, die Schweiz und die Isle of Man – als wahre Steuerparadiese. Hier zieht es viele Menschen aufgrund der niedrigen Steuerlast hin. Andere Menschen sehen in dem Umzug vor allem den Vorteil, Ihr Leben von nun an in Ihrem Traumland fortzuführen. Die Gründe, die Sie antreiben, können sehr unterschiedlich sein. Sie sollten dabei auch bedenken, dass ein Umzug des Gewerbes ins Ausland auch einige Nachteile und Risiken mit sich bringen kann. Bedenken Sie: Wenn Sie in Deutschland wohnhaft sind, das Unternehmen jedoch im Ausland anmelden (ohne Leitung vor Ort), scheinen Sie von den niedrigen Steuern im Ausland zu profitieren – in Wahrheit steckt jedoch Steuerhinterziehung dahinter. Hier sehen Sie einige Vorteile der Unternehmensgründung und -betreibung im Ausland im Überblick:

- Möglicherweise günstigere Steuern
- Haftungsrisiken können möglicherweise reduziert werden
- In vielen Ländern existieren wenige bürokratische Hürden; in EU-Ländern bestehen nur geringe Hürden für andere EU-Bürger
- Ein Unternehmen mit Standort im Ausland hat möglicherweise eine höhere Wettbewerbsfähigkeit
- Verlegen Sie auch den Wohnsitz ins Ausland, leben Sie endlich in Ihrem Traumland

In anderen EU-Ländern ist die Unternehmensgründung normalerweise sehr unkompliziert. Ein Start-up kann meistens mit sehr geringem bürokratischem Aufwand gegründet werden. Das Gleiche gilt für Tochtergesellschaften in anderen EU-Mitgliedsstaaten.

Die möglichen Nachteile und Risiken einer Unternehmensgründung im Ausland sind hingegen:

- Möglicherweise fallen höhere Steuern an

- Schwierigkeit, ein Unternehmen zu leiten, wenn Sie nicht auch vor Ort sind

- Der andere Markt: Im Zweifelsfall werden Sie mit dem Markt und den örtlichen Besonderheiten im Heimatland viel vertrauter sein; auch Sprachbarrieren können eine Rolle spielen

- Steuerhinterziehung möglich: Bedenken Sie die Gesetzeslage; Sie wollen sicherstellen, dass Sie nicht aufgrund eines Fehlers Steuerhinterziehung begehen

Sie sollten sich stets genau über die Lage Gedanken machen und die Risiken abwägen. Am besten informieren Sie sich genau über die Besonderheiten Ihres Ziellandes:

1. Wie hoch sind die Steuerzahlungen in Ihrem Zielland?

2. Welche bürokratischen Hürden gibt es?

3. Welche Sprachbarrieren könnten anfallen?

4. Möchten Sie im gleichen Ort wohnen oder Gewerbesitz und Wohnsitz in zwei verschiedenen Ländern wahrnehmen?

5. Können Sie ggf. das Unternehmen aus der Ferne leiten?

5.7 DIE DOPPELBESTEUERUNG

Das sogenannte Doppelbesteuerungsabkommen ist ein Abkommen über Steuerzahlungen zwischen Deutschland und anderen Staaten. Es gehört zum internationalen Steuerrecht und soll sowohl die doppelte Besteuerung als auch die doppelte Nicht-Besteuerung von Personen und Unternehmen vermeiden. Egal, wo Sie wohnen oder wo Ihr Unternehmen angesiedelt ist – Ihr Steuersatz soll durch dieses Abkommen fair bleiben.

Das Doppelbesteuerungsabkommen verteilt Besteuerungsrechte zwischen den jeweiligen Staaten. Das bedeutet: Bei konkurrierenden Steueransprüchen zwischen zwei Ländern entstehen keine doppelten Besteuerungen, sondern das Besteuerungsrecht wird einem der Staaten zugewiesen. Stellen Sie sich beispielsweise vor, sowohl Deutschland als auch Zypern könnten aufgrund konkurrierender Gesetze Besteuerung vornehmen. Dann würde das Doppelbesteuerungsabkommen nur einem der beiden Länder das Besteuerungsrecht zuweisen. Es dürfte entweder nur Deutschland oder nur Zypern Steuern verlangen.

Doppelbesteuerungsabkommen und ähnliche Abkommen gibt es auf dem Gebiet der Einkommens- und Vermögenssteuern sowie der Erbschafts- und Schenkungssteuern, der Kraftfahrzeugsteuer und auf dem Gebiet der Rechts- und Amtshilfe sowie des Informationsaustausches zwischen Steuerbehörden.

Grundsätzlich schützt Sie das Doppelbesteuerungsabkommen in der Regel davor, in zwei Staaten für die gleiche Sache Steuern zu zahlen. Es verhindert allerdings auch, dass Sie nirgendwo Steuern zahlen müssen.

5.8 GRENZÜBERSCHREITENDE UMSÄTZE

Haben Sie vor, grenzüberschreitende Umsätze zu machen? Im heutigen Zeitalter gelingt es selbst kleinen Unternehmen, internationale Transaktionen durchzuführen. Die Globalisierung und insbesondere die Vereinheitlichung des europäischen Wirtschaftsraumes erleichtern dieses Unterfangen ungemein. Immer mehr Kleinunternehmen möchten daher von dieser Möglichkeit Gebrauch machen. Allerdings sollten Sie sich bei internationalen Transaktionen ebenfalls Gedanken um die Steuern machen. Nicht jedes Land führt beispielsweise eine Kleinunternehmer-Regelung wie Deutschland. So kann es sein, dass auch geringe Umsätze versteuert werden müssen. Im internationalen Raum gelten auch für Kleinunternehmer grundsätzlich die Regelbesteuerungsvorschriften. Um ganz sicherzugehen, ob sich internationale Transaktionen lohnen, sollten Sie daher einen Steuerberater zu Hilfe ziehen. Im Idealfall ziehen Sie einen Steuerberater heran, der sich auch bestens mit Auslandsgeschäften auskennt. Alternativ können Sie sich auch an einen Experten auf diesem Gebiet aus der Industrie- und Handelskammer wenden. Auch dort können in der Regel viele Fragen beantwortet werden. Letztlich kann auch das Finanzamt grundlegende Fragen beantworten. Eine steuerliche Beratung geben darf das Finanzamt jedoch nicht.

Kleinunternehmer, die an internationalen Geschäften teilnehmen, werden meist als normale Unternehmer eingestuft. Beziehen Sie also beispielsweise Waren oder Dienstleistungen aus dem Ausland, kann Ihnen das Privilegien, die Sie sonst als Kleinunternehmer erhalten, nehmen. Allerdings unterscheiden sich die Regelungen häufig, je nachdem, welche Art Geschäfte sie international tätigen. Unterschiede finden also statt, abhängig davon, ob Sie

- selbst Waren oder Dienstleistungen im Ausland anbieten / verkaufen
- Waren oder Dienstleistungen aus dem Ausland annehmen / einkaufen
- in anderen Ländern mit Privatpersonen Geschäfte machen
- in anderen Ländern mit Unternehmen Geschäfte machen
- eine dieser Aktionen in einem Land durchführen, bei dem es sich um ein Drittland (kein EU-Wirtschaftsraum) handelt

Außerdem gibt es bestimmte Sondervorschriften für einzelne Waren und Dienstleistungen bestimmter Art. Hinzu kommen Import- und Exportvorschriften der verschiedenen Länder. Bevor Sie derartige Aktionen planen, sollten Sie sich ganz genau mit Ihrem Ziel- oder Herkunftsland befassen. Das gilt sowohl für den Fall, dass Sie in Deutschland arbeiten, als auch für den Fall, dass Sie im Ausland arbeiten und beispielsweise nach Deutschland liefern möchten.

5.9 FAZIT – KLEINGEWERBE IM AUSLAND

Fassen wir noch einmal zusammen: Es gibt einige Details, die Sie bei der Ausübung der freiberuflichen oder gewerblichen Tätigkeit im Ausland beachten müssen. Viele der Hürden lassen sich jedoch mit ausreichend Planung und Recherche bewältigen. Sie müssen sich also keine großen Sorgen machen: Im Grunde ist es das Wichtigste, dass Sie den Schritt nicht unüberlegt durchführen, sondern sich ausreichend Zeit für etwaige Beratung und Informationssammlung nehmen.

Wer ein Gewerbe betreibt, muss unter Umständen mehr Details beachten als ein Freiberufler. Denn in vielen freiberuflichen Jobs ist der Arbeitsplatz flexibler, während für ein Gewerbe meist ein fester Gewerbebetriebsort notwendig wird. Überprüfen Sie sorgsam Ihre Möglichkeiten und Ihre Wünsche. Auch eine gründliche Abwägung aller Vor- und Nachteile ist wichtig. Letztlich können Sie aus vier Konstellationen wählen:

1. Betrieb und Wohnsitz im Ausland
2. Betrieb in Deutschland, Wohnsitz im Ausland
3. Betrieb im Ausland, Wohnsitz in Deutschland
4. Betrieb und Wohnsitz in Deutschland

Jede diese Konstellationen hat eigene Vor- und Nachteile, die auch mit dem jeweiligen Zielland in Verbindung stehen. So ist jede Situation sehr individuell – erst recht, wenn Sie darüber nachdenken, international zu handeln. An einer umfassenden Prüfung kommen Sie daher nicht vorbei – doch sie wird sich lohnen, wenn Sie wirklich den innigen Wunsch haben, Teile Ihres Lebens ins Ausland zu verlagern. Nehmen Sie sich insbesondere auch ausreichend Zeit für die Prüfung der Versicherungen. Insbesondere Krankenversicherungen sind wichtig. Unter Umständen kommen bei größeren Betrieben auch andere Versicherungen hinzu, die Sie prüfen sollten (etwa Unfallversicherungen oder Haftpflichtversicherungen). Haben Sie den Schritt gut durchdacht? Dann seien Sie mutig und wagen Sie ihn! Mit guter Vorbereitung gelingt Ihnen auch die Gewerbegründung im Ausland / mit Wohnsitz im Ausland!

6. 10 gute Gründe für eine Gründung

Es gibt sicherlich viele Gründe, die dafür sprechen, ein Kleingewerbe zu gründen – und auch solche, die dagegen sprechen. Im Endeffekt kommt es immer auf Ihre persönliche Situation an. Doch wann sollten Sie wirklich ein Kleingewerbe gründen? Und was spricht dafür, sich für ein Kleingewerbe anstatt für ein Hauptgewerbe zu entscheiden? Hier sind zehn gute Gründe für den Beginn mit einem Kleingewerbe!

1. Sie haben einen sicheren und gut bezahlten Hauptjob – noch wäre es zu unsicher, diesen aufzugeben. Gleichzeitig möchten Sie Ihrer Selbstständigkeit eine Chance geben.

2. Eine Kündigung Ihres derzeitigen Arbeitgebers ist (aus anderen als finanziellen Gründen) momentan nicht denkbar. Eine Kündigung seitens des Arbeitgebers ist nicht ersichtlich. Dennoch möchten Sie bereits mit Ihrem eigenen Gewerbe starten.

3. Ihr Arbeitgeber gestattet Ihnen eine Nebentätigkeit. Sie können zeitlich beide Aufgaben miteinander vereinbaren und das Einkommen des Hauptjobs zur Finanzierung des Kleingewerbes nutzen.

4. Der Arbeitgeber gestattet nicht nur den Nebenjob, sondern stellt zukünftig sogar Aufträge als Kunde in Aussicht, sollten Sie jemals in die vollerwerbliche Selbstständigkeit gehen. Dies ist natürlich ein ideales Szenario, kommt aber vor – insbesondere, wenn Sie sich in einer verwandten Branche selbstständig machen. Die Arbeit im Kleingewerbe ist insofern anfangs

günstig, als Sie Ihren Chef langsam auf das Verlassen des Unternehmens vorbereiten und er Ihre anfängliche Entwicklung mitverfolgen kann. So sichern Sie sich möglicherweise einen wichtigen Kontakt.

5. Das derzeitige Arbeitseinkommen ist deutlich höher und wird wesentlich länger gezahlt als etwaige potenzielle Fördermittel, die Sie für die Existenzgründung erhalten könnten. Das Haupteinkommen beizubehalten, lohnt sich also auch im Vergleich zu anderen Finanzierungsweisen.

6. Sie sind noch nicht sicher, ob Sie ein Unternehmertyp sind, und möchten dies erst ausprobieren.

7. Ihre Geschäftsidee ist noch nicht vollkommen ausgereift. Möglicherweise fehlen noch Registrierungen oder Patente, die Sie eintragen lassen müssten. Daher ist der Schritt in die vollständige Selbstständigkeit noch keine Möglichkeit.

8. Sie müssen noch Zeit in weitere Forschung und Entwicklung investieren, die Sie jedoch durch weiteres Einkommen (teilweise) gegenfinanzieren möchten. Dies ist mit dem Nebeneinkommen durch das Kleingewerbe möglich, während sich der Schritt in das Hauptgewerbe noch nicht lohnt.

9. Durch das Nebengewerbe möchten Sie einen einfachen Markteinstieg erfahren. Sie können eine Idee langsam etablieren, sodass Konkurrenz bereits abgeschreckt werden kann – schließlich befindet sich Ihr Gewerbe jetzt schon auf dem Markt, wenn auch nicht hauptberuflich.

10. Das Kleingewerbe erlaubt Ihnen ggf., die Krankenversicherungskosten zu sparen, wenn Sie die kostenlose Familienversicherung nutzen.

Haben Sie sich in einem oder mehreren dieser Punkte wiedergefunden? Dann ist das Kleingewerbe wahrscheinlich eine gute Idee für Sie. Vielleicht haben Sie durch diese Gründe auch ein paar weitere Anregungen gefunden, warum sich Ihr Kleingewerbe jetzt lohnen kann.

7. Rechtliche Grundlagen & Voraussetzungen

Bevor Sie Ihr Kleingewerbe gründen, müssen Sie sich wohl oder übel mit einigen rechtlichen Voraussetzungen beschäftigen. Doch keine Sorge – so kompliziert und trocken das Thema erst einmal erscheinen mag, so ist es doch weniger kompliziert als die meisten denken. Haben Sie erst einmal die wichtigsten Unterschiede zwischen Gewerbeformen erfasst und wissen, wie eine Anmeldung funktioniert, ist der Grundbaustein schon gelegt. Dieses Kapitel bringt Ihnen das Thema „Rechtliche Grundlagen" umfassend nahe. Anschließend werden Sie sich sicher besser vorbereitet fühlen.

7.1 WAS MAN ZUVOR BEDENKEN SOLLTE

In diesem ersten Abschnitt lernen Sie alle Grundlagen, die Sie vor der Anmeldung bedenken sollten.

- Wer muss ein Kleingewerbe anmelden?
- Welche Umsatzgrenzen gibt es zu bedenken?
- Und was müssen Sie sonst beachten?

7.1.1 *Wer* muss ein Kleingewerbe anmelden?

Grundsätzlich muss in Deutschland jeder, der ein Gewerbe betreiben möchte, dieses auch anmelden. Mit der Anmeldung erhalten Sie einen Gewerbeschein. Dieser Schein ist die formale Erlaubnis, den Betrieb durchzuführen. Wie bereits zuvor erwähnt, sind freie Berufe von dieser Pflicht ausgenommen. Nicht jede Selbstständigkeit bedeutet also Anmeldepflicht – gewerbliche Selbstständigkeit allerdings schon. Die Details regelt die Gewerbeordnung. Die

Unterschiede zwischen Freiberufen und Gewerbetätigkeit haben Sie bereits gelernt. Die wichtigsten Kriterien hier noch einmal im Überblick:

1. Eine selbstständige Tätigkeit muss vorliegen – das bedeutet, Sie müssen eigenständig handeln und unterliegen keiner Weisungsgebundenheit.

2. Sie haben eine Tätigkeit aufgenommen, mit der Absicht, sie dauerhaft durchzuführen.

3. Ihre Tätigkeit muss mit Gewinnerzielungsabsicht aufgenommen worden sein. Das bedeutet, Sie wollen Einnahmen generieren.

4. Sie nehmen mit Ihrer Tätigkeit am Wirtschaftsverkehr teil (beispielsweise durch das Handeln oder Liefern von Waren)

Treffen diese Eigenschaften auf Sie und Ihre selbstständige Tätigkeit zu, müssen Sie grundsätzlich ein (Klein-) Gewerbe anmelden.

7.1.2 Ab *wann* muss man ein Kleingewerbe anmelden?

§ 14 der GewO regelt die Rahmenbedingungen der Gewerbeanmeldung. Nach dieser Regelung müssen Sie ein Gewerbe anmelden, sobald:

- Sie eine gewerbliche Tätigkeit aufnehmen
- Sie einen bereits bestehenden Gewerbebetrieb übernehmen
- Sie ein Gewerbe ummelden bzw. verlegen
- Sie eine neue Zweigstelle gründen
- sich die geschäftliche Ausrichtung grundlegend verändert

Es ist demnach nicht nur der Zeitpunkt der ersten Gewerbeaufnahme relevant, sondern nahezu jeder Zeitpunkt, zu dem ein Gewerbe erheblich verändert oder ergänzt wird. Für die Anmeldung benötigen Sie ein bestimmtes Formular, das beim zuständigen Ordnungsamt eingereicht wird. Teilweise werden weitere Nachweise verlangt, beispielsweise Nachweise über bestimmte Kenntnisse und Fähigkeiten oder ein polizeiliches Führungszeugnis.

7.1.3 Freiberufler oder Gewerbe?

Ebenfalls bereits erwähnt wurde die Unterscheidung zwischen Freiberuflern und Gewerbetreibenden.

Zur Erinnerung: Die freien Berufe sind gesetzlich nicht abschließend geregelt, jedoch sind Richtlinien festgehalten, nach denen sich die Unterscheidung machen lässt. Insbesondere Katalogberufe oder katalogähnliche Berufe aus dem § 18 EStG sind dafür relevant.

Wer freiberuflich arbeitet, muss weder eine Gewerbeanmeldung durchführen noch Gewerbesteuer leisten. Im Zweifelsfall sollte jedoch ein Beratungstermin mit dem zuständigen Gewerbe- und Finanzamt vereinbart werden. Nur so kann Sicherheit über Grenzfälle erlangt werden. Der Beratungstermin wird klären, ob im Einzelfall eine Gewerbeanmeldung notwendig ist oder nicht.

7.1.4 Kaufmann & Kleingewerbetreibender: Die Umsatzgrenzen

Das Handelsgesetzbuch (HGB) regelt die Umsatzgrenzen für die Unterscheidung zwischen kaufmännischen Unternehmen und Kleingewerben. Kaufmännische Unternehmen müssen ins Handelsregister eingetragen werden. § 1 HGB hält fest, dass ein Gewerbe, welches „nach Art und Umfang einen in kaufmännischer Weise eingerichteten Geschäftsbetrieb nicht erfordert“, kein kaufmännisches ist. Die Definition ist keineswegs eindeutig, sodass häufig die Umstände des Einzelfalls geklärt werden müssen. Die Umsatzgrenze spielt dabei eine große Rolle. Die Website der Handelskammer Hamburg hat einige Hilfen zur Orientierung aufgelistet. Grundsätzlich kommt es darauf an, ob der Betrieb kompliziert und umfangreich eingerichtet ist und aufgrund dessen eine kaufmännische Organisation benötigt. Ist der Betrieb nur aufgrund dieser kaufmännischen Struktur überschaubar und lenkbar, ist kaufmännisches Personal erforderlich und beschäftigt, wird von einem kaufmännischen Unternehmen ausgegangen.

Ein Beispiel: Der kleine „Tante-Emma-Laden“ um die Ecke wird in der Regel überschaubar sein. Explizit kaufmännisch geschultes Personal wird nicht zwingend notwendig sein. Hat ein Ladenbesitzer hingegen kürzlich die vierte Filiale eröffnet und sind diese Filialen entsprechend groß und umfangreich, könnte das ganz anders aussehen.

Die wichtigsten Hinweise auf die kaufmännische Organisation geben

- Umsatz und Gewinne
- Art und Umfang der Geschäftstätigkeit
- Höhe des Betriebsvermögens
- Mitarbeiterzahl
- Anzahl der Niederlassungen / Standorte
- Kredithöhe

Solange das Unternehmen weniger Nettoumsatz als 600.000 € pro Jahr (ohne Mehrwertsteuer) erwirtschaftet und der jährliche Gewinn unter 60.000 € liegt, muss ein Einzelunternehmer in der Regel nicht ins Handelsregister eingetragen werden.

Das Gleiche gilt für ein Unternehmen in der Rechtsform der GbR. Die Art der Geschäftstätigkeit spielt insofern eine Rolle, als es auf die Vielfalt der Erzeugnisse und Leistungen der Geschäftsbeziehungen ankommt. Werden Fremdfinanzierungen in Anspruch genommen? Gibt es umfangreiche Werbung, namentliche internationale Tätigkeiten und größere Lagerhaltung? Ähnliches gilt für den Umfang der Geschäftstätigkeit: Wie groß ist das Umsatzvolumen? Wie sieht es mit der Funktion der Beschäftigten, Schichtbetrieb, Auslandsfilialen aus? Als weitere Orientierungsgrenze wird ein Betriebsvermögen von weniger als 100.000 € angesetzt. Auch die Mitarbeiteranzahl kann eine Rolle spielen. So wird bei weniger als fünf Mitarbeitern oft davon ausgegangen, dass kein kaufmännisch eingerichteter Betrieb vorliegt. Ähnliches gilt für die Standorte: Ein Unternehmen mit nur einer Niederlassung erfordert regelmäßig keinen kaufmännisch eingerichteten Betrieb. Sind hingegen mehrere Filialen vorhanden, wird dies oft anders bewertet. Letztlich kann auch die Kredithöhe eine Rolle spielen. So wird in der Regel erst ab Beträgen von 50.000 € oder mehr von einer kaufmännischen Einrichtung ausgegangen.

Zudem gibt es Sondergrenzen, unter denen für bestimmte Betriebsarten in der Regel keine kaufmännische Einrichtung angenommen wird, dazu zählen die folgenden:

- Produktion: weniger als 300.000 €
- Großhandel: weniger als 300.000 €
- Einzelhandel: weniger als 250.000 €
- Dienstleistungen: weniger als 175.000 €
- Handelsvertreterprovision: weniger als 120.000 €
- Speisegaststätten: weniger als 300.000 €
- Hotels: weniger als 250.000 €

Zur Erinnerung: Damit das Finanzamt in Bezug auf die Umsatzsteuer die Kleinunternehmerregelung akzeptiert, darf der Umsatz des vorangegangenen Kalenderjahres 22.000 € nicht überstiegen haben. Gleichzeitig darf der Umsatz des laufenden Kalenderjahres voraussichtlich 50.000 € nicht übersteigen.

Diese Grenzen sind für die Zahlung von Umsatzsteuer relevant. Wer von dieser Regelung Gebrauch machen möchte, darf keine Umsatzsteuer gesondert in Rechnung stellen. Die Abnehmer eines Kleinunternehmens haben entsprechend keinen Vorsteuerabzug. Es besteht auch für Kleinunternehmer die Möglichkeit, auf diese Regelung zu verzichten und Umsatzsteuer zu zahlen. In manchen Fällen bietet sich dies an: Beispielsweise, wenn mit hohen Einkäufen zu rechnen ist, die mit Vorsteuer belastet sind, oder wenn der Kundenkreis sich hauptsächlich aus Unternehmern zusammensetzt.

Ein Sonderfall für die Umsatzsteuergrenze des Finanzamtes liegt vor, wenn das Unternehmen nicht im Januar, sondern zu einem beliebigen anderen Zeitpunkt im Jahr aufgenommen wird. Dann müssen die Finanzen monatsgenau berechnet werden. Wenn Sie beispielsweise erst im Mai starten, sind Sie im ersten Geschäftsjahr nur acht von zwölf Monaten tätig. Ihre Kleinunternehmergrenze würde demnach bei 8/12 von 22.000 € liegen. Das sind 14.667 €. Sie dürfen also zwischen Mai und Dezember des ersten Jahres nicht mehr Umsatz machen als 14.667 €.

Was noch zu beachten ist: Die Kleinunternehmerregelung heißt bewusst, Kleinunterneh**mer**-regelung und nicht Kleinunterneh**mens**-regelung, denn die Umsatzsteuergrenze ist an die Person des Unternehmers, nicht an das einzelne Unternehmen gebunden. Sie dürfen also nicht mit mehreren Kleinunternehmen die Umsatzgrenze überschreiten.

Letztlich sollten Sie sich über umsatzsteuerfreie Einnahmen informieren. Kleinunternehmer-Einnahmen sind nicht grundsätzlich umsatzsteuerfrei. Sie werden lediglich nicht erhoben. Hingegen gibt es einige Sonderfälle, die tatsächlich grundsätzlich umsatzsteuerfrei sind. Diese Waren und Dienstleistungen werden bei der Grenze gar nicht erst berücksichtigt. In § 4 Nr. 11 bis 28 UStG finden Sie eine Liste der wichtigsten Leistungen dieser Kategorie. Dazu zählen beispielsweise:

- Ärztliche Heilbehandlungen
- Handel mit menschlichen Organen
- Leistungen allgemeinbildender sowie berufsbildender Schulen
- Alle Leistungen selbstständiger Lehrkräfte an solchen Einrichtungen

Diese Unterscheidung kann im Einzelfall durchaus relevant werden und sollte daher stets im Hinterkopf bedacht werden.

7.2 DER RECHTLICHE RAHMEN

Beschäftigen Sie sich nun mit dem rechtlichen Rahmen: Welche Rechtsformen gibt es und wie finden Sie die richtige? Welche Geschäftsbezeichnung sollten Sie wählen? Die Geschäftsform ist Teil des Aushängeschilds Ihres Gewerbes und darüber hinaus rechtlich sehr relevant. Sie sollten daher ruhig ein wenig Zeit investieren, über die verschiedenen Formen nachzudenken, sofern Sie die Auswahl haben.

7.2.1 Allgemeine Geschäftsregeln

Für viele Gewerbetreibende stellt sich die Frage nach der Rechtsform gar nicht, da sie Einzelunternehmer sind. Einzelunternehmer handeln, wie ihr Name vermuten lässt, eigenständig und ohne Mitarbeiter. Sie treten unter ihrem bürgerlichen Namen auf und müssen den Betrieb nicht ins Handelsregister eintragen lassen. Tatsächlich ist die Eintragung für Einzelunternehmer nicht einmal empfehlenswert. Ein Einzelunternehmer haftet für sämtliche unternehmerische Verpflichtungen mit seinem persönlichen Namen und seinen persönlichen Finanzen. Eine Haftungsbeschränkung ist nicht möglich.

7.2.2 Die Auswahl der passenden Rechtsform

Ein weiterer Faktor ist die Rechtsform. Aus ihr geht hervor, ob Sie als Kleingewerbetreibender angesehen werden können oder nicht. Bei Gründung eines Kleingewerbes können Sie zwischen den beiden Rechtsformen „Einzelunternehmen“ und „GbR“ (als Personengesellschaft) wählen. Alle anderen Rechtsformen müssen in das Handelsregister eingetragen werden. Sie sind dann automatisch Kaufmann und fallen unter das Handelsrecht.

Ein Kleingewerbe, das von mehreren natürlichen Personen gemeinsam gegründet und geführt wird, tritt in der Rechtsform der Gesellschaft bürgerlichen Rechts (GbR) auf. Detailliertere Regelungen zur GbR finden sich im Bürgerlichen Gesetzbuch (BGB) und nicht im Handelsgesetzbuch – deshalb wird die GbR auch als BGB-Gesellschaft bezeichnet. Die entsprechenden Paragrafen finden Sie ab § 705 BGB. Eine GbR ist die einfachste Version der Mehrpersonengesellschaften: Sie erfordert keine schriftlichen Vereinbarungen und auch keine Registrierungen. Sie müssen sich lediglich mit anderen Personen zusammenschließen, um Geschäfte zu machen. Dabei ist auch unerheblich, ob Ihnen die rechtlichen Hintergründe bekannt sind oder nicht. Sobald Sie sich zusammenschließen und Geschäfte machen, gelten Sie als Gesellschaft bürgerlichen Rechts – mit allen zugehörigen Verpflichtungen.

Ein Beispiel: Sie schließen sich mit zwei Freunden zusammen und beschließen, gemeinsam in den An- und Verkauf zu gehen. Ob es Ihnen klar ist oder nicht: Sie sind schon eine GbR. Ein anderes Beispiel: Sie finden sich mit zwei Freunden zusammen und planen, zukünftig gemeinsam einen kleinen Ausschank auf dem Oktoberfest aufzustellen. Auch dadurch treten Sie als GbR auf. Das gilt auch dann, wenn Sie von vornherein kein dauerhaftes Gewerbe planen.

Als GbR haften Sie mit Ihrem Privatvermögen für Verpflichtungen aus Ihrem Geschäft. Haben Sie beispielsweise mit vollem Eifer große Leuchtschilder für Ihren Stand als Werbung bestellt und können diese aus dem erwirtschafteten Vermögen nicht gegenfinanzieren, müssen Sie sie aus Ihrem Privatvermögen zahlen. Verantwortlich ist außerdem nicht nur der Gesellschafter, der möglicherweise für die Schulden verantwortlich ist. Jeder Gläubiger kann von jedem Gesellschafter die Erfüllung der Verbindlichkeiten erwarten.

Ein Beispiel: Hat einer Ihrer Freunde Schulden durch die Bestellung zahlreicher Werbeartikel gemacht, kann der Verkäufer die Bezahlung diese Artikel auch von Ihnen verlangen. Allerdings können Sie die Befugnisse und Vertretungen im sogenannten Innenverhältnis – das heißt untereinander – beschränken. Sie können beispielsweise vereinbaren, dass nur Ihr Freund A die Gesellschaft nach außen vertreten darf und Käufe für das Geschäft tätigen darf. Handelt nun Freund B entgegen dieser Abmachung, müssen Sie dennoch alle haften – denn die gesamtschuldnerische Haftung lässt sich nicht ausschließen. Das liegt daran, dass Geschäftspartner über Ihre internen Absprachen in der Regel keine Informationen haben. Allerdings haben Sie dann die Möglichkeit, im Innenverhältnis Konsequenzen zu ziehen. Sie können also versuchen, sich das Geld von Freund B wiederzuholen. Eine GbR wird unter dem Namen aller Gesellschafter betrieben. Das bedeutet, dass bei einer Gewerbeanmeldung alle Gesellschafter aufgeführt werden müssen.

Eine Alternative für die Gründung im Team ist die GmbH, die Gesellschaft mit beschränkter Haftung. Diese Form verlangt jedoch eine doppelte Buchführung, was von einer GbR nicht verlangt wird. Die GmbH wird als kaufmännisch betrachtet und muss ins Handelsregister eingetragen werden.

Einfacher ist all dies natürlich im Falle des Einzelunternehmers: Hier sind Sie alleine für alles verantwortlich, da Sie nicht mit anderen gemeinsam handeln. Eine Eintragung ins Handelsregister ist für Einzelunternehmer nicht notwendig. Einzelunternehmer haften mit der eigenen Person und dem eigenen Vermögen. Einen Nachweis über Gründungskapital müssen sie nicht vorweisen, jedoch ist gerade aus Haftungsgründen Gründungskapital wichtig. Schließlich haftet der Einzelunternehmer uneingeschränkt mit seinem ganzen Privatvermögen alleine für alle Verpflichtungen. Das gilt nicht nur für beispielsweise Kaufverträge, sondern auch für Schäden, die verursacht werden. Anstelle der Einzelunternehmerschaft kann eine Person alleine auch eine sogenannte Unternehmergesellschaft (UG) gründen – dies gilt jedoch nicht für Kleinunternehmer. Eine UG zählt zu den Handelsgewerben und muss ins Handelsregister eingetragen werden. Wer eine UG leitet, muss doppelte Buchführung leisten und Rücklagen in Höhe von 25.000 € aufbauen. Dafür ist derjenige von der persönlichen Haftung befreit.

Alle weiteren Rechtsformen – eine KG oder eine OHG – sind ebenfalls kaufmännischer Natur. Wer Kleingewerbetreibender und Kleinunternehmer sein möchte, hat also im Grunde nur zwei Rechtsformen zur Auswahl: Die Einzelunternehmerschaft als eigenständiger Gewerbetreibender oder die GbR bei der gemeinsamen Gründung mit anderen.

7.2.3 Die passende Geschäftsbezeichnung

Auch die Geschäftsbezeichnung spielt eine rechtlich relevante Rolle. Einzelunternehmer und GbR-Gesellschafter handeln grundsätzlich als natürliche Personen. Sie sind keine Kaufleute im Sinne des Handelsrechts. Da laut dem Handelsgesetzbuch die Bezeichnung „Firma“ für den Namen, unter dem ein *Kaufmann* seinen Betrieb führt, steht, führen Einzelunternehmer und GbR-Gesellschafter streng genommen keine Firma (auch wenn dieses Wort im Alltagssprachgebrauch in der Regel mit dem Begriff Unternehmen oder Gewerbe gleichgesetzt wird). Wer ein Kleingewerbe errichtet, gibt stattdessen den bürgerlichen Namen an. Einen Firmennamen darf das Kleingewerbe also nicht tragen. Dafür wird jedoch eine sogenannte Geschäftsbezeichnung zugelassen. Diese wird auch als Etablissementsbezeichnung beschrieben. Geschäftsbezeichnungen sollen Informationen über das Gewerbe vermitteln und der Unterscheidung von anderen Marktteilnehmern dienen. Sie haben damit vorrangig eine werbliche, gleichzeitig auch eine Art dekorative Funktion. Eine tiefere rechtliche Bedeutung steckt hinter ihnen jedoch nicht. Allerdings muss das Namens- und Wettbewerbsrecht bei der Wahl der Bezeichnung berücksichtigt werden. Die wichtigsten Grundsätze diesbezüglich lauten:

1. Das Namensrecht aus § 12 BGB eines anderen darf nicht verletzt werden.

2. Der Name darf nicht irreführend sein.

Das bedeutet: Ein geschützter Name darf nicht ohne Berechtigung weiterverwendet werden (vgl. § 12 BGB). Sie dürfen Ihr Gewerbe also nicht nach einem Unternehmen benennen, das es bereits gibt, oder den Namen einer beliebigen Person verwenden. Das gilt auch, wenn der Name in Kombination mit anderen Worten verwendet wird. Sie dürfen Ihre Gaststätte beispielsweise weder „McDonald's" noch „McDonald's in Göttingen" oder „Maria Musterfraus McDonald's" nennen. Außerdem darf Ihr Name nicht irreführend sein. Ein Name ist dann irreführend, wenn er ganz oder durch einen Teil des Namens dazu geeignet ist, bei Kunden eine falsche Vorstellung zu erwecken. So wurde bereits entschieden, dass die Bezeichnung „Parkhotel" irreführend sein kann, da sie suggeriert, das Hotel würde sich in der Nähe einer Umgebung befinden, für die Grünflächen charakteristisch sind. Liegt ein solches Hotel mitten im Industriegebiet, haben Kunden zu Recht aufgrund der Bezeichnung andere Vorstellungen erhalten. Ein solcher Name für ein entsprechendes Hotel ist deshalb nicht zulässig. Hingegen wurde in einem Fall über den Namen „Tattoo Apotheke" entschieden, dass die Bezeichnung nicht irreführend ist, da die wenigsten Kunden von einer Apotheke Leistungen wie Tätowierungen erwarten würden.

Wenn Sie beispielsweise Ihr Restaurant „Waldschenke“ nennen und mitten im Großstadtgebiet sind, kann dies eine irreführende Bezeichnung sein. Kunden würden durch den Namen erwarten, dass sich Ihr Restaurant in einer ruhigeren und grüneren Umgebung befindet. Hingegen könnte der Name für ein ländlich liegendes Restaurant durchaus in Ordnung sein, auch wenn es nicht direkt in einem Wald liegt. Die Grenzen sind in diesen Fällen oft fließend und die Umstände des Einzelfalls sind entscheidend.

Auflistungen bestehender Firmen- und Markennamen finden Sie im Unternehmensregister oder in der Datenbank für Marken des Deutschen Patent- und Markenamtes (DPMA). Die dort aufgelisteten Namen und Marken dürfen Sie nicht für Ihre Geschäftsbezeichnung verwenden.

Der Geschäftsbezeichnung wird der bürgerliche Name des Gewerbetreibenden nach- oder vorgestellt.

Beispiel: „Die Tortenfee – Maria Musterfrau“. Eine Geschäftsbezeichnung darf nicht den Eindruck eines Firmennamens erwecken. Davon abgesehen hat der Gewerbetreibende jedoch viel Freiheit. Auch Fantasienamen oder Abkürzungen sind erlaubt, sofern Rechte anderer nicht verletzt werden. Da die Geschäftsbezeichnung nur der Dekoration dient, wird sie nicht in den Gewerbeschein eingetragen. Dort steht nur der bürgerliche Name des Kleinunternehmers.

Auch wenn rechtlich keine größere Bedeutung hinter der Geschäftsbezeichnung steckt, will sie gut überlegt sein. Schließlich informiert sie potenzielle Kunden darüber, was Ihr Gewerbe eigentlich beinhaltet. Unter Ihrem Namen können sich Menschen, die Sie nicht kennen, schließlich nichts vorstellen. Ein knackiger, einprägsamer Name hingegen weckt Interesse und sagt sofort etwas über die Leistungen aus. Die Bezeichnung darf ruhig mit Kreativität, Witz und Charme versehen werden – schließlich soll sie Aufmerksamkeit erregen. Außerdem sollte die Bezeichnung nicht zu lang sein, damit sich potenzielle Kunden den Begriff auch merken können. Letztlich grenzt die Bezeichnung Ihr Gewerbe auch von anderen Gewerben ab, deren Unternehmer den gleichen oder einen sehr ähnlichen Namen haben wie Sie. Das kommt bei seltenen Namen wahrscheinlich nicht allzu häufig vor, allerdings gibt es genug

Namen, die sich zahlreich wiederholen oder viele Varianten kennen. Wer mit Nachnamen beispielsweise Meier oder Schulz heißt, wird die Abgrenzung sicherlich brauchen.

Tipp: Die Geschäftsbezeichnung ist sicherlich nicht unwichtig – zu lange sollten Sie sich damit jedoch nicht aufhalten. Viele Menschen verschwenden anfangs unglaublich viel Zeit mit der Suche nach der besten Bezeichnung. Dabei ist das in der Regel gar nicht notwendig. Häufig ist die erste Idee die beste!

7.3 RECHTLICHE PFLICHTEN

7.3.1 Buchführungspflicht

Wenn Sie ein Kleingewerbe betreiben, das überschaubar ist und keine Handelsregistereintragung benötigt, besteht für Sie keine doppelte Buchführungspflicht. Für die Gewinnermittlung und die Erklärung gegenüber dem Finanzamt genügt eine Einnahme-Überschuss-Rechnung. Dafür steht ein entsprechendes Formular zur Verfügung: die „Anlage EÜR". Wer weniger als 22.000 € Jahresumsatz macht, darf eine formlose Gewinnermittlung einreichen. Die Einnahme-Überschuss-Rechnung ist die einfachste Variante der Buchführung. Sie stellen dabei grundsätzlich einfach Ihre Betriebseinnahmen den absetzbaren Betriebsausgaben gegenüber und zeigen dadurch, wie viel Gewinn ermittelt wurde. Hingegen müssen alle Unternehmen, die ins Handelsregister eingetragen sind, eine doppelte Buchführung durchführen. Das betrifft also alle sogenannten juristischen Personen wie die UG, die GmbH, die KG und die OHG. Davon abgesehen hat das Finanzamt die Möglichkeit, auch Unternehmen, die nicht eingetragen sind, zur doppelten Buchführung aufzufordern. Das ist dann möglich, wenn die Unternehmen besonders umfangreiche Geschäftsprozesse durchführen oder einen Jahresumsatz von mehr als 600.000 € (und dabei mehr als 60.000 € Gewinn) verzeichnen. Das liegt daran, dass bei umfangreichen Geschäftsprozessen oder hohen Summen ein größeres Interesse besteht, die Gewinnermittlung nachvollziehen zu können. Die doppelte Buchführung kann sehr umfangreich und kompliziert sein. Wer keine kaufmännische Ausbildung und auch sonst keine Buchführungserfahrung hat, sollte sich um einen Steuerberater kümmern.

7.3.2 Versicherungspflicht

Grundsätzlich muss jeder in Deutschland eine Sozialversicherung haben (Kranken- und Pflegeversicherung). Wer privat pflege- oder krankenversichert ist, muss sich um Versicherungen im Nebengewerbe grundsätzlich keine Sorgen machen. Auswirkungen auf die Beitragszahlungen hat Ihr Nebenverdienst in der Regel nicht. Vielmehr spielen dafür Alter und Gesundheitszustand eine Rolle. Wer als Arbeitnehmer versichert ist, kann ebenfalls beruhigt in seiner Versicherung bleiben, ohne dass sich die Beiträge ändern.

Zu beachten ist dabei, dass die Krankenkasse den Nebenverdienst als solchen akzeptieren muss. Dafür gilt eine grundsätzliche maximale Arbeitsstundenanzahl von 20 Stunden pro Woche.

Näheres zu Stunden- und Verdienstgrenzen im nächsten Abschnitt. Wenn Sie Ihr Nebengewerbe neben der Kindererziehung aufbauen wollen oder aus anderen Gründen ausschließlich im Kleingewerbe arbeiten, haben Sie unter Umständen die Möglichkeit, in der Familienversicherung eines Angehörigen zu bleiben. Um beitragsfrei über einen Angehörigen – beispielsweise Ehe- oder Lebenspartner – familienversichert zu sein, darf Ihr monatliches Gesamteinkommen 395 € nicht überschreiten. Rentner und Pensionäre müssen auf die Erträge aus dem Kleingewerbe normalerweise zusätzliche Kranken- und Pflegekassenbeiträge zahlen.

Andere Versicherungspflichten bestehen für Kleingewerbetreibende nicht. Generell sind alle Unternehmer und Selbstständige beispielsweise nicht zu einer Arbeitslosenversicherung verpflichtet – auch wenn diese natürlich sinnvoll sein kann. Nur im Rahmen der Unfallversicherung gibt es Ausnahmen. Landwirte, Schiffer, Fischer und Selbstständige, die im Gesundheitswesen tätig sind, gehören von Gesetzes wegen der Unfallversicherung an. Einige Branchen sind außerdem verpflichtend Mitglied in der Berufsgenossenschaft (BG). Dazu gehören insbesondere die Druckindustrie und die Textilindustrie. Auch hier bietet das Kleingewerbe jedoch einen Vorteil, denn in den meisten Fällen können Sie sich als Kleingewerbetreibender von der Versicherungspflicht befreien lassen.

Unabhängig von Versicherungspflichten kann eine Versicherung im Kleingewerbe vorteilhaft sein. Eine Betriebshaftpflichtversicherung kann Sie beispielsweise umfassend bei Schäden an Dritten oder an Mitarbeitern absichern. Auch ein Versicherungsschutz vor Sturmschäden, Unfallschäden oder anderen unvorhersehbaren Ereignissen kann sich lohnen. Dies ist jedoch von Gewerbe zu Gewerbe unterschiedlich und nicht immer direkt zu Beginn der Gewerbeaufnahme notwendig. Wenn Sie sich für bestimmte Fälle absichern möchten, sollten Sie einen Termin mit der Versicherungsfirma Ihres Vertrauens abmachen und sich umfassend beraten lassen.

7.3.3 Informationspflicht

Eine weitere Pflicht für Kleingewerbetreibende ist die Informationspflicht. § 6c GewO verweist dafür auf die Verordnung über Informationspflichten für Dienstleistungserbringer (DL-InfoV). Dort wird die Informationspflicht gegenüber Kunden geregelt. Dienstleistungserbringer in diesem Sinne sind auch Händler, Handwerker und Industriebetriebe. Die Informationspflicht ist in § 2 DL-InfoV geregelt und umfasst eine Liste von „stets zur Verfügung zu stellende(n) Informationen". Die Liste umfasst eine Reihe von Informationen, die für den Kunden von Relevanz sind – insbesondere, wenn kein schriftlicher Vertrag abgeschlossen wird. Zu den Informationen gehören beispielsweise:

- Vollständiger Name des Kleingewerbetreibenden
- Kontaktinformationen wie Anschrift, Telefonnummer, E-Mail-Adresse, Fax-Nummer
- Wenn vorhanden: Umsatzsteuer-Identifikationsnummer
- Bei erlaubnispflichtigen Tätigkeiten auch Name und Anschrift der zuständigen Behörde
- Falls vorhanden, die Allgemeinen Geschäftsbedingungen (AGB)
- Falls vorhanden, Angaben über eine Berufshaftpflichtversicherung inklusive Name und Anschrift des Versicherers sowie der räumliche Geltungsbereich
- Sofern vorhanden auch Garantien, die über die gesetzlichen Gewährleistungsrechte hinausgehen

Der Kleingewerbetreibende darf grundsätzlich frei entscheiden, welchen Weg er wählt, um dem Kunden diese Informationen zukommen zu lassen. So kann er die Informationen beispielsweise am Ort der Leistungserbringung öffentlich aushängen (in dem Fall müssen sie jedoch leicht zugänglich aushängen, damit Kunden die Informationen ohne große Mühe sehen können) oder per E-Mail übermitteln. Auch eine gedruckte Form von Informationsunterlagen oder die persönliche Mitteilung im Einzelfall sind denkbar (allerdings muss der Gewerbetreibende die Informationen von sich aus mitteilen – nicht erst auf Nachfrage des Kunden).

7.4 AUSSERDEM ... WAS SIE SONST NOCH WISSEN SOLLTEN

7.4.1 Freiwillige Eintragung ins Handelsregister

Wie bereits erwähnt, haben Sie die Möglichkeit, Ihr Gewerbe freiwillig ins Handelsregister einzutragen. Allerdings ist dies gerade für Einsteiger nicht empfehlenswert. Denn mit der Eintragung ins Handelsregister werden die Pflichten eines Kaufmanns notwendig. Dazu gehört unter anderem die komplizierte doppelte Buchführung. Außerdem finden sich im Handelsgesetzbuch einige andere Regelungen, die streng den kaufmännischen Geschäftsverkehr regeln. Dazu gehört der Vertragsschluss durch Schweigen auf ein Angebot aus § 362 HGB. Kleinunternehmer, die der Kaufmannsregelung nicht unterfallen, sind besser geschützt. Bei Kaufleuten setzt das Gesetz mehr Erfahrung und Wissen voraus, weshalb im Geschäftsverkehr weniger Schutzvorrichtungen greifen. Wer ohne Erfahrung ins Gewerbe einsteigt, sollte sich daher ruhig auf die Kleingewerberegelung berufen. Erst wenn das Unternehmen merklich wächst und mehr Erfahrungen gesammelt wurden, ist eine Eintragung ins Handelsregister sinnvoll.

7.4.2 Gelegentliche Privatverkäufe

Ein Kleingewerbe muss von gelegentlichen Privatverkäufen abgegrenzt werden. Nur weil eine Person gelegentlich Privatverkäufe tätigt, liegt noch kein Gewerbe vor. Wichtig ist, wie bereits erwähnt, insbesondere die auf Dauer angelegte Tätigkeit. Daneben spielen aber noch andere Faktoren eine Rolle. Die Abgrenzung zwischen Privatverkäufen und gewerblichen Verkäufen erfolgt auf Basis der folgenden Umstände:

1. Die eigenverantwortliche unternehmerische Tätigkeit
2. Die Gewinnabsicht
3. Die Erkennbarkeit der Absicht
4. Die Dauerhaftigkeit
5. Die Leistung als Rechnung

Eigenverantwortliche unternehmerische Tätigkeiten fallen in der Regel unter die gewerbliche Kategorie. Auch eine Gewinnerzielungsabsicht der Verkäufe spielt eine Rolle. Wer gelegentlich alte Klamotten an Second-Hand-Läden abgibt und dafür einen geringen Erlös bekommt, macht dies in der Regel nicht mit der Absicht, große finanzielle Gewinne zu erzielen. Die Gewinnerzielungsabsicht sollte auch nach außen erkennbar sein, wenn es sich um einen gewerblichen Verkauf handelt. Bei den meisten Gewerben ist die Gewinnerzielungsabsicht für Dritte – insbesondere potenzielle Kunden – sichtbar. Letztlich spielen Dauerhaftigkeit und Rechnung eine Rolle. Die dauerhafte Absicht zeichnet das Gewerbe aus. Wer hin und wieder privat gebrauchte Dinge verkauft, macht dies gerade nicht mit der Absicht, davon dauerhaft zu leben. Das Gleiche gilt für einen Flohmarktstand, der nur unregelmäßig hin und wieder aufgebaut wird. Wer hingegen regelmäßig jeden Sonntag auf den gleichen Flohmarkt geht, um dort zu verkaufen, handelt schon eher gewerblich. Außerdem stellen Privatverkäufer in der Regel keine Rechnungen aus. Wie fast immer in diesem Bereich hängt die Beurteilung von den Umständen des Einzelfalls ab. Die hier genannten Abgrenzungsmöglichkeiten sind jedoch wichtige Faktoren, an denen Sie sich orientieren können.

7.4.3 Verdienstgrenzen

Wie sieht es mit steuerlichen und anderen Verdienstgrenzen aus? Grundsätzlich müssen Sie alle Einnahmen aus einem Nebengewerbe versteuern. Es gibt also keine Verdienstgrenze, unter der Sie Einnahmen nicht versteuern müssen. Allerdings gibt es diverse Verdienstgrenzen für Empfänger von staatlichen Leistungen. So gibt es für Empfänger von Arbeitslosengeld I eine Grenze, bis zu der Geld verdient werden darf, ohne dass die Einnahmen vom Arbeitslosengeld abgezogen werden. Diese Grenze liegt bei 165 € pro Monat. Alles, was darüber hinaus verdient wird, wird vom Arbeitslosengeld abgezogen, sei der Betrag auch noch so klein. Für BAföG-Empfänger gibt es ebenfalls eine Grenze: Diese liegt bei 400 € im Monat. Alles, was darüber hinaus geht, wird von der Ausbildungsförderung abgezogen. In Bezug auf Krankenkassen gibt es keine Grenze, die sich auf den Verdienst bezieht, sondern eine, die sich auf die Arbeitsstunden bezieht: Sie dürfen grundsätzlich nicht mehr als 20 Stunden pro Woche aufwenden, damit der Nebenverdienst als solcher von der Krankenkasse anerkannt wird. Für Bezieher von ALG II gilt eine Grenze von 15 Stunden. Andernfalls wird die Tätigkeit nicht mehr als Nebengewerbe eingestuft. Letztlich ist eine Grenze auch für die Rentenkasse wichtig: Dort liegt sie bei 6300 € im Jahr. Wird mehr als das verdient, kann die Rente gekürzt werden. Für das Jahr 2022 galten ausnahmsweise höhere Beträge (mehr als 46.000 € pro Jahr). Das lag an der Corona-Pandemie und sollte unter anderem Personalengpässen und daraus entstandenen Verlusten entgegenwirken. Die wichtigsten Grenzen hier noch einmal im Überblick:

- 165 € pro Monat bei ALG I ohne Abzüge
- 400 € bei BAföG ohne Abzüge
- Nicht mehr als 20 (bzw. 15 bei ALG II) Stunden für die Krankenkasse
- 6.300 € pro Jahr neben Rente (im Jahr 2022 ausnahmsweise 46.000 €)
- Außerdem gilt der Grundsatz, dass Nebeneinkünfte zu versteuern sind.

8. Der Antrag

Wenn Sie ein Gewerbe starten möchten, kommen Sie um den Antrag nicht herum. In diesem Abschnitt lernen Sie daher genau, was es mit dem Antrag auf sich hat und wie Sie ihn erfolgreich stellen.

8.1 FORMULAR ZUR GEWERBEANMELDUNG

Das Formular zur Gewerbeanmeldung bekommen Sie beim zuständigen Gewerbeamt. Die meisten Ämter bieten sogar an, das Antragsformular online abzurufen. So haben Sie die Möglichkeit, es ganz in Ruhe bereits zu Hause auszufüllen. Nehmen Sie sich dafür ruhig ausreichend Zeit, damit Ihnen keine Flüchtigkeitsfehler passieren. Das Antragsformular fragt Sie nach einigen Daten rund um Ihre Person und Ihr Gewerbe. Dazu gehören insbesondere die folgenden Daten:

- Name, persönliche Daten und Kontaktdaten
- Name und Rechtsform des Gewerbes
- Kontaktdaten des Gewerbes (wie Telefonnummer)
- Art der Geschäftstätigkeit
- Beginn der Geschäftsaufnahme
- (Voraussichtliche) Anzahl der Mitarbeiter

Beantworten Sie diese Fragen wahrheitsgemäß, um Ärger zu sparen. Die Art der Geschäftstätigkeit müssen Sie jedoch nicht allzu eng fassen. § 14 der GewO verpflichtet Sie dazu, dem Gewerbeamt anzuzeigen, wenn sich der Gegenstand Ihres Gewerbes ändert oder um weitere, nicht geschäftsübliche

Waren oder Leistungen erweitert. Je enger Sie die Tätigkeit also fassen, desto wahrscheinlicher ist es, dass Sie diesen Fall einmal erleben werden.

Das Anmeldeformular finden Sie hier:

http://bit.ly/3V0lxc5

8.2 IDENTITÄTSNACHWEIS: PERSONALAUSWEIS ODER REISEPASS

Wenn Sie Ihr Gewerbe anmelden möchten, müssen Sie sich ausweisen – und zwar mit einem gültigen Personalausweis oder Reisepass. Schließlich müssen Sie nachweisen, dass Sie tatsächlich in Ihrem eigenen Namen ein Gewerbe gründen. Sind Ihre Dokumente abgelaufen, funktioniert die Anmeldung nicht. Überprüfen Sie also rechtzeitig, ob Ihre Dokumente nicht vielleicht schon abgelaufen sind.

Andere Ausweise als der Personalausweis oder Reisepass werden nicht akzeptiert – auch nicht, wenn der Ausweis ein Lichtbild beinhaltet. Dabei ist es egal, ob Sie einen Studierendenausweis, einen Führerschein, eine Krankenversicherungskarte oder eine beliebige Mitgliedschaftskarte mitbringen. Ohne gültiges Ausweisdokument können Sie die Anmeldung nicht durchführen.

8.3 AUFENTHALTSGENEHMIGUNG

Deutsche Staatsbürger können Ihr Gewerbe mit einer minimalen Menge an Dokumenten beantragen. Innerhalb der Europäischen Union, der Schweiz und der EWR-Staaten – Norwegen, Island und Liechtenstein – gelten überwiegend Freizügigkeit und Gewerbefreiheit. Zwar bestehen allgemeine Meldepflichten der entsprechenden Behörden, besondere Aufenthaltsgenehmigungen benötigen diese Staatsbürger innerhalb Deutschlands jedoch nicht.

Wer nicht aus diesen Ländern kommt, muss vor Beantragung des Gewerbes bei der Auslandsvertretung eine Aufenthaltserlaubnis zur Ausübung einer selbstständigen Tätigkeit beantragen. Dies gilt nach § 21 Aufenthaltsgesetz (AufenthG). In der Regel muss die Beantragung im Heimatland bei der Auslandsvertretung der Bundesrepublik Deutschland vorgenommen werden. In manchen Ausnahmefällen dürfen Ausländer die spezielle Aufenthaltsgenehmigung auch nach der Einreise beantragen. Dazu gehören die Länder:

- USA
- Australien
- Japan
- Kanada
- Neuseeland

Um die Aufenthaltserlaubnis zu erhalten, müssen Sie eine Reihe von Unterlagen einreichen. Dazu gehören:

- Ein gültiger Reisepass
- Teilweise eine Meldebescheinigung des Einwohneramtes
- Ein Nachweis über die Erfüllung der formalen Anforderungen und Qualifikationen des Gewerbes

Außerdem müssen Unterlagen eingereicht werden, aus denen klar wird, dass mit der Selbstständigkeit in der gewählten Region die wirtschaftlichen Interessen berücksichtigt werden, positive Auswirkungen auf die Wirtschaft erzielt werden und die Finanzierung von Selbstständigkeit und Lebensunterhalt gesichert ist. Die Berücksichtigung des wirtschaftlichen Interesses wird insbesondere dann angenommen, wenn der Antragssteller erheblich investiert und eine bemerkenswerte Zahl von Arbeitsplätzen schafft. Auch ein Fertigungsbetrieb, der technisch hochwertige Produkte herstellt, erfüllt regelmäßig dieses Kriterium. Im Grunde muss auch hier wieder der Einzelfall umfassend betrachtet werden. Sie können sich merken: Je besser Sie argumentieren, desto größer sind die Chancen auf eine Erlaubnis.

Haben Sie einen erfolgreichen Antrag gestellt, erhalten Sie von der zuständigen Behörde einen Bescheid und ein Visum, mit dem Sie einreisen können. Das Visum wird speziell zum Zweck der Selbstständigkeit vergeben. Vor Ort müssen Sie sich bei der zuständigen Ausländerbehörde melden. Ist alles erledigt, haben Sie in der Regel eine befristete Aufenthaltserlaubnis. Nach drei Jahren können Sie eine Niederlassungserlaubnis in Deutschland beantragen, sofern das Geschäft Erfolge verzeichnet und Ihr Lebensunterhalt gesichert ist. Die Dreijahresfrist gilt jedoch nur für Gewerbe. Für freie Berufe gilt eine Frist von fünf Jahren. Wurde ein Antrag abgelehnt, kann sich der Antragsteller an eine Behörde wenden, die sich auf Hilfe in solchen Stellen spezialisiert hat.

8.4 HANDELSREGISTERAUSZUG

Ist ein Unternehmen im Handelsregister eingetragen, ist dies mit einem Handelsregisterauszug nachzuweisen. Das ist insbesondere dann relevant, wenn Sie ein Gewerbe von einem anderen übernehmen. In dem Fall bestand das Gewerbe möglicherweise schon eine Weile und wurde ins Handelsregister eingetragen – Sie müssen die Gewerbeanmeldung jedoch neu unter Ihrem Namen durchführen. Ein Handelsregisterauszug ist auch dann notwendig, wenn das Unternehmen in einem ausländischen Handelsregister eingetragen ist. Außerdem wird in dem Fall eine deutsche Übersetzung des Registerauszugs verlangt. In manchen Fällen können Sie sich die Übersetzung in eine andere Sprache mitgeben lassen, in den meisten Fällen werden Sie dies jedoch selbst vornehmen lassen müssen.

Beachten Sie dabei, dass eine professionelle Übersetzung verlangt werden wird – Sie können den Auszug nicht selbst übersetzen, mögen Ihre Sprachkenntnisse noch so gut sein.

Deutsche Handelsregistereinträge können – teilweise auch mit englischsprachigen Übersetzungen – an vielen Stellen online angefordert werden. Nach Inkrafttreten des Gesetzes zur Umsetzung der Digitalisierungsrichtlinie vom 01.08.2022 werden diverse Registereinträge aus dem Handels-, Genossenschafts-, Vereins- und Partnerschaftsregister als elektronische Dokumente kostenlos angeboten. Diese finden Sie auf dem Gemeinsamen Registerportal der Länder. Auch eine Registrierung und ein Login sind nicht mehr erforderlich. Starten Sie gerade erst mit Ihrem eigenen Gewerbe? Dann nehmen Sie eine eventuelle Registrierung im Handelsregister erst nach der Gewerbeanmeldung vor.

8.5 HANDWERKSKARTE

Wer eine handwerkliche oder handwerksähnliche Tätigkeit ausübt, muss diese in der Handwerksrolle der zuständigen Handwerkskammer eintragen lassen. Die Bescheinigung, die sogenannte Handwerkskarte, muss ebenfalls bei der Gewerbeanmeldung vorgelegt werden.

Handwerkskammern erfassen sämtliche Betriebe, die im zulassungspflichtigen Handwerk tätig werden. Daneben werden auch die zulassungsfreien Handwerke sowie die handwerksähnlichen Gewerbe verzeichnet. Die Eintragung in die Handwerksrolle ist die Voraussetzung, um einen Handwerksbetrieb zu führen. Damit die Gewerbeanmeldung reibungslos verläuft, sollte diese Eintragung unbedingt vor der Anmeldung erfolgen.

Die Eintragung bei der Handwerkskammer können Sie in der Regel per Post oder über das Kundenportal der zuständigen Handwerkskammer einreichen. Per Post müssen die jeweiligen Formulare heruntergeladen, ausgefüllt und eigenhändig unterschrieben werden. Ein Einzelunternehmen kann in die Handwerksrolle eingetragen werden, wenn der Inhaber selbst oder der

Betriebsleiter des Gewerbes die Eintragungsvoraussetzungen erfüllt. Dies ist in der Regel die Meisterprüfung. Die Erfüllung anderer Voraussetzungen sind in § 7 der Handwerksordnung (HwO) aufgeführt. Dazu zählen beispielsweise ausgebildete Ingenieure technischer Hochschulen, deren Studienschwerpunkt der Prüfung entspricht, oder andere Absolventen mit gleichwertigen Prüfungen. Auch Personengesellschaften können in die Handwerksrolle eingetragen werden. Dabei muss jedoch mindestens ein persönlich haftender Gesellschafter die Eintragungsvoraussetzung erfüllen. Auch die Erfüllung durch den Betriebsleiter ist möglich. Juristische Personen werden in die Handwerksrolle eingetragen, wenn der technisch verantwortliche Betriebsleiter die Voraussetzungen erfüllt. Ein Beschäftigungsnachweis des Betriebsleiters ist beizufügen. Dafür müssen die folgenden Dokumente bereitgestellt werden:

- Arbeitsvertrag und Betriebsleitererklärung
- Meisterprüfungszeugnis oder Nachweis einer gleichwertigen Prüfung des Betriebsleiters
- Bestätigung über die Krankenkassenanmeldung

Für die Eintragung eines zulassungsfreien Handwerks oder eines handwerksähnlichen Gewerbes sind keine Zulassungsvoraussetzungen erforderlich. Die Einführung in das Verzeichnis der Handwerkskammer muss jedoch vor Betriebsbeginn erfolgen. Ein letzter Hinweis zu diesem Thema: Das Missachten der Pflicht zur Eintragung in die Handwerkskammer stellt juristisch gesehen eine Ordnungswidrigkeit dar. Sie kann zur Geldbuße und zur Untersagung der Fortführung des Gewerbes führen. Letzteres ist in § 16 Absatz 3 HwO geregelt. Nehmen Sie die Anmeldung daher rechtzeitig vor.

8.5.1 Eintragung in die Handwerksrolle

Die Handwerkskammern dienen in erster Linie der Repräsentation der Handwerkerinteressen. So werden beispielsweise regelmäßig Vorschläge zur Verbesserung und Förderung des Handwerks erarbeitet. Handwerkskammern unterstützen jedoch auch bei Problemen mit Aufsichtsbehörden und Ämtern. Teilweise können sie auch Hilfe leisten, wenn Probleme mit Kunden aufkommen. Sie können als Schlichter oder als Sachverständiger dienen. Auch die

Vermittlung einer entsprechenden Rechtsberatung gehört zu ihren Leistungen. Letztlich unterstützt die Handwerkskammer auch die Aus- und Weiterbildung. Handwerkskammern bieten ein großes Angebot an Fortbildungsunterstützung, vom Gesellen bis zum Meister.

Als Mitglied der Handwerkskammer profitieren vor allem Existenzgründer, da sie ein großes Maß an Unterstützung erhalten können, insbesondere dann, wenn sie mit komplizierten speziellen Bürokratievorgaben konfrontiert werden. Wer in die Handwerksrolle eingetragen ist, kann die Angebote überwiegend kostenlos in Anspruch nehmen. Dafür werden jedoch Beiträge gezahlt. Diese Beiträge können sich jedoch lohnen, wenn die Hilfe in Anspruch genommen wird.

Ihr Betriebsstandort ist ausschlaggebend für die zuständige Handwerkskammer. Das ist der Ort, an dem Ihr Betrieb angemeldet ist. Online finden Sie eine Liste mit allen Kontaktdaten aller deutschen Handwerkskammern. Dort finden Sie schnell die Kammer, die für Ihren Betrieb zuständig ist. Informieren Sie diese Kammer über die Eintragung. Obwohl die meisten Dinge rund um das Gewerbe heutzutage bundeseinheitlich geregelt sind, regeln alle Handwerkskammern die Eintragung unterschiedlich. Teilweise müssen Sie für die Anmeldung persönlich erscheinen. Manchmal können Sie den Antrag auch online einreichen. Die Eintragung erfolgt insbesondere über den „Antrag auf Eintragung in die Handwerksrolle“. Dort geben Sie persönliche Daten ein sowie Angaben zu Ihrem Betrieb. Zur erfolgreichen Eintragung in die Handwerkskammer gehört auch das Beilegen der richtigen Dokumente. Das sind insbesondere die Qualifikationen bei zulassungspflichtigen Handwerken. Eine alternative Möglichkeit ist die sogenannte Altgesellenregelung: Diese befreit Sie unter Umständen von anderen Nachweispflichten, wenn Sie ausreichend Berufserfahrung nachweisen können (inklusive Erfahrung in leitenden Positionen). Neben den Qualifikationen sollten Sie Ihren Personalausweis mitbringen sowie den Auszug aus dem Handelsregister (wenn vorhanden), Anstellungsverträge (sofern vorhanden) oder eine Betriebsleitererklärung. Haben Sie die Eintragung in die Handwerksrolle abgeschlossen, wird Ihnen eine individuelle Handwerkskarte ausgestellt. Mit diesem Dokument haben Sie die Möglichkeit, weiter in Richtung Selbstständigkeit zu gehen.

8.6 GENEHMIGUNGEN UND NACHWEISE

Es gibt eine Reihe von Tätigkeiten, die nur mit Erlaubnis des Gewerbeamts ausgeführt werden dürfen. Einige davon wurden beispielhaft bereits angesprochen. Um diese Gewerbeart durchzuführen, muss ein Antragsteller zunächst nachweisen, dass er eine entsprechende Befähigung zu dieser Berufsausübung besitzt. Dies wird durch das Einreichen von speziellen Unterlagen gezeigt. Zu den sogenannten erlaubnispflichtigen Berufen zählen insbesondere die folgenden:

- zulassungspflichtige Handwerksberufe
- Fahrschulen
- Pflegedienste
- Makler- und Anlageberatung
- Gaststätten und Spielhallen
- der Handel mit Tieren sowie mit Waffen oder Sprengstoffen
- Personen- und Güterbeförderung
- Arbeitskräfteüberlassung
- Bewachungsgewerbe und Inkassobüros
- selbstständige Buchführungshelfer

Als Befähigungsnachweis können verschiedene Unterlagen eingereicht werden. In der Regel sind solche Unterlagen relevant, die die Befähigung speziell zu dem einen Beruf nachweisen können. Dazu zählen:

- ein polizeiliches Führungszeugnis und andere Zuverlässigkeitsnachweise
- ein Handelsregisterauszug
- eine amtsärztliche Bescheinigung
- eine Gaststättenerlaubnis
- eine Unbedenklichkeitsbescheinigung des Finanzamtes
- der Nachweis einer Fachkundeprüfung

Falls Sie sich für ein erlaubnispflichtiges Gewerbe interessieren, sollten Sie immer bei der zuständigen Industrie- und Handelskammer nachfragen. Dort erhalten Sie Informationen, auf die Sie sich überwiegend verlassen dürfen.

Die Gewerbeordnung kennt zudem sogenannte überwachungsbedürftige Gewerbe (auch Vertrauensgewerbe genannt). Bei diesen Berufen spielt die Zuverlässigkeitsprüfung eine große Rolle. Geregelt sind diese Berufe in § 38 GewO. Für die Zuverlässigkeitsprüfung ist das polizeiliche Führungszeugnis relevant. Daneben wird ein Auszug aus dem Gewerbezentralregister notwendig. Überwachungsbedürftige Gewerbe sind beispielsweise die folgenden:

- An- und Verkauf von Fahrrädern und Kraftfahrzeugen
- Partnervermittlungen
- Reisebüros
- Detekteien

9. Nebengewerbe und Steuern – was ist zu beachten?

Nach Ihrer Gewerbeanmeldung sollten Sie sich ausführlicher mit dem Finanzamt auseinandersetzen – früher oder später müssen Sie Ihre Einnahmen schließlich versteuern. In diesem Kapitel erhalten Sie deshalb einen Überblick über die Themen, die Sie im Hinblick auf Ihre Nebeneinkünfte und die Steuern berücksichtigen müssen. Ein beruhigender Hinweis vorab: Das Thema Steuern ist für viele Menschen sehr abschreckend, doch sobald Sie einen Überblick erhalten haben, werden Sie merken, dass viele Details gar nicht so schlimm sind. Lassen Sie sich also nicht vom Thema Steuern abschrecken!

9.1 DER STEUERLICHE ERFASSUNGSBOGEN

Nach der Gewerbeanmeldung erhalten Sie automatisch ein Willkommensschreiben vom Finanzamt. Mit diesem Schreiben weist das Finanzamt darauf hin, dass der Fragebogen zur steuerlichen Erfassung in digitaler Form auszufüllen und einzureichen ist. In der Regel wird dafür eine Frist von drei bis vier Wochen vorgegeben. Seit dem Jahr 2021 sind die Fragebögen nur noch in digitaler Form auf der Plattform ELSTER des Finanzamtes zu finden. Davor erhielten Gründer die Fragebögen häufig mitsamt dem Willkommensschreiben per Post. Nur noch wenige Härtefälle können dazu führen, den Antrag per Post auszufüllen. Alle anderen müssen über das Portal arbeiten und den ausgefüllten Fragebogen online übermitteln.

Mit dem Willkommensschreiben erhalten Sie auch eine Steuernummer. Sie können die Steuernummer jedoch auch selbst über die Anmeldung bei ELSTER beantragen – so müssen Sie das Schreiben des Finanzamtes nicht abwarten. Das Willkommensschreiben wird nur Gewerbetreibenden zugeschickt. Wer hingegen in einem freien Beruf arbeitet, führt keine Gewerbeanmeldung durch, weshalb das Finanzamt auch kein Schreiben nach der Anmeldung rausschicken kann. In dem Fall muss eigenständig eine Anmeldung über das ELSTER-Portal durchgeführt werden.

9.1.1 Das Ziel des steuerlichen Erfassungsbogens

Das Ziel des Bogens zur steuerlichen Erfassung ist es, einzuschätzen, wie die gewerbliche Arbeit besteuert werden kann und wie hoch die Steuerpflicht ausfallen wird. Für Gründer ist der Bogen der Weg, die Steuernummer zu erhalten, die für eine Ausstellung von ordnungsgemäßen Rechnungen notwendig ist. Gemäß § 138 der Abgabenordnung (AO) ist die steuerliche Anmeldung ein verpflichtender Schritt in den Start der Gewerbearbeit. Der steuerliche Erfassungsbogen kann auf den ersten Blick abschreckend aussehen. Daher wird Ihnen im Folgenden erklärt, wie Sie den Bogen sorgsam ausfüllen.

9.1.2 Schritt für Schritt – die Anmeldung über das ELSTER Portal

Der erste Schritt durch den Fragebogen ist die Anmeldung bei ELSTER. Sie haben vier Möglichkeiten, ein ELSTER-Konto zu erstellen:

1. Durch eine Zertifikatsdatei
2. Durch einen Personalausweis mit Lesegerät und Ausweis-App
3. Durch einen sogenannten Sicherheitsstick
4. Durch eine Signaturkarte

Die einfachsten Wege sind in der Regel die ersten beiden. Die Anschaffung eines Sicherheitssticks und der notwendigen zugehörigen Software kostet beispielsweise zusätzliches Geld. Die Signaturkarte hingegen ist ein Mittel, das von Banken, Unternehmen und anderen TrustCentern herausgegeben wird. Diese Variante wird beispielsweise insbesondere für Steuerberater relevant. Je nach Anmeldeverfahren kann es eine Weile dauern, bis die Anmeldung erfolgreich durchgeführt wurde und das Ausfüllen des Bogens begonnen werden kann. Die Zertifikatsdatei wird Ihnen beispielsweise per Post zugestellt, weshalb sich das Verfahren noch bis zu zwei Wochen hinziehen kann. Berücksichtigen Sie dies bei der Anmeldung und planen Sie die Beantragung rechtzeitig.

a. Die erste Navigation

Liefen Registrierung und Anmeldung erfolgreich, finden Sie über die Navigation das Formular-Center. Klicken Sie auf den Punkt „Formulare & Leistungen" und gehen Sie weiter zum Reiter „Fragebogen zur steuerlichen Erfassung". Den Bogen gibt es in mehreren Ausführungen. Die Auswahl des richtigen Formulars ist durchaus wichtig, da die Bögen recht unterschiedlich sind. Sie wählen den Bogen anhand der Rechtsform Ihres Gewerbes:

- Alle sogenannten Solo-Unternehmer, Kleingewerbetreibende, Freiberufler und andere Einzelunternehmer nutzen den Fragebogen für „Einzelunternehmen".

- Für Rechtsformen wie die UG, AG und Ähnliche gibt es den Bogen für „Kapitalgesellschaften"

- Rechtsformen der Personengesellschaften – etwa die GbR, die OHG oder die KG – finden einen entsprechenden Bogen für „Personengesellschaften".

- Der Bogen für „Unternehmen aus dem Ausland" schließlich ist für alle ausländischen Rechtsformen wie die Ltd., Inc. And Partnership geeignet.

Wer sich nur an einer Personengesellschaft beteiligt, findet dabei ebenfalls einen gesonderten Fragebogen. Wenn Sie Ihr eigenes Kleingewerbe gründen und sich nicht mit anderen zusammenschließen, kommt für Sie nur das Formular für Einzelunternehmer in Betracht.

b. Die Steuernummer

Haben Sie bereits eine Steuernummer? Dann benötigen Sie keine neue Beantragung. Sie können diese beim Start des Fragebogens zusammen mit dem Namen des zuständigen Betriebs-Finanzamtes angeben. Wenn Sie jedoch noch keine Steuernummer haben – was auf viele neue Gewerbegründer zutrifft – wählen Sie die Option „Neue Steuernummer beantragen" aus. Auch in dem Fall wählen Sie das zuständige Finanzamt aus. Zuständig ist grundsätzlich das Finanzamt des Ortes, in dem das Gewerbe gegründet bzw. ausgeübt wird.

c. Private Angaben

Im nächsten Schritt füllen Sie einige private Angaben zu Ihrer Person und zur Familiensituation aus. Auch die Angabe einer Bankverbindung gehört dazu. Zu den privaten Angaben zählen:

- Ihr Name sowie gegebenenfalls Ihr Geburtsname
- Ihr Geburtsdatum
- Der derzeit ausgeübte Beruf
- Angaben zur Religion
- Angaben zum Familienstand
- Adresse und Kontaktinformationen (etwa die Telefonnummer)

Daneben wird auch die steuerliche Identifikationsnummer abgefragt. Diese ist nicht zu verwechseln mit der Steuernummer. Letztlich müssen Sie zu Beginn des Fragebogens auch eine Umsatzsteueridentifikationsnummer angeben, sofern bereits eine besteht, sowie Ihre Bankverbindung und Informationen über Ehe- und Lebenspartner. Ihre Bankverbindung wird für Zahlungen an das Finanzamt sowie Steuererstattungen genutzt. Ihre Bank kann in allen Ländern des Euro-Zahlraums angesiedelt sein – es muss also nicht zwangsläufig ein deutsches Konto sein. Es ist empfehlenswert, von Anfang an ein Geschäftskonto anzugeben, da Sie so die geschäftlichen von den privaten Finanzen trennen können. Sie haben außerdem die Möglichkeit, ein SEPA-Lastschriftmandat zu erteilen. Ein entsprechendes Formular finden Sie am Ende des Bogens (näheres dazu später). Ob Sie das Lastschriftmandat erteilen möchten oder nicht, bleibt Ihnen überlassen. Der Vorteil dieser Zahlungsmöglichkeit ist, dass die Gelder automatisch eingezogen werden und Sie nicht Gefahr laufen, einen Zahlungstermin zu verpassen. Der Nachteil liegt selbstverständlich darin, dass es kompliziert werden kann, Geld zurückzuerhalten, wenn das Finanzamt doch mal einen Fehler macht und zu viel Geld einzieht.

Exkurs: Die steuerliche Identifikationsnummer (kurz auch Steuer-ID genannt) bekommt jeder Bürger vom Finanzamt bei der Geburt zugeteilt. Sie ist ein Leben lang gültig und das bundeseinheitlich. Die Steuernummer hingegen erhalten Sie erst mit Abgabe der ersten Steuererklärung oder durch die Anmeldung eines Gewerbes oder einer freiberuflichen Tätigkeit. Im Laufe Ihres Lebens können Sie mehrere Steuernummern erhalten, da diese vom jeweils zuständigen Finanzamt vergeben werden und nicht bundeseinheitlich sind. Die Steuernummer ändert sich jedes Mal, wenn Sie in den Zuständigkeitsbereich eines anderen Finanzamtes umziehen. Die Steuer-ID dient weiterhin nicht nur zur Identifikation beim Finanzamt, sondern ist auch bei der Eröffnung eines Bankkontos oder der Erteilung eines Freistellungsauftrages an die Bank relevant. Auch bei der Beantragung von Kindergeld oder beim Abgleich von Versicherungen wird die Steuer-ID angegeben. Der Arbeitgeber nutzt sie regelmäßig, um Lohnsteuer ans Finanzamt abzuführen. Die Steuernummer hingegen dient vorwiegend dem Finanzamt, um den Steuerpflichtigen zuordnen zu können. Langfristig wird in der Politik diskutiert, die Steuernummer abzuschaffen und alles auf die Steuer-ID zu beschränken. Allerdings sind derzeit noch keine konkreten Pläne vorgesehen. Wenn Sie sich nicht sicher sind, ob Sie eine Steuernummer oder Steuer-ID vorliegen haben, schauen Sie auf die Länge: Die Steuernummer besteht aus 13 Stellen, während die Steuer-ID nur aus elf Ziffern besteht. Die Steuernummer enthält Informationen über das zuständige Finanzamt, den Bezirk und die persönliche Unterscheidungsnummer. Die Steuer-ID hingegen lässt keine dieser Rückschlüsse zu. Sie finden Ihre Steuer-ID auf Ihrem Einkommensteuerbescheid oder auf einer Lohnsteuerbescheinigung. Falls Sie Ihre ID nicht mehr finden können, haben Sie die Möglichkeit, die ID beim Bundesamt für Steuern über das entsprechende Formular zu beantragen. Haben Sie bereits eine Steuernummer, steht diese übrigens auf einem speziellen Bescheid des Finanzamtes oder auf dem letzten Einkommensbescheid. Falls Sie diese Nummer nicht wiederfinden, dann können Sie sie beim zuständigen Finanzamt anfragen.

d. Informationen über die steuerliche Beratung

Nutzen Sie einen Steuerberater? Dann sollten Sie Name, Adresse und Kontaktdaten des Steuerberaters angeben. Dabei kann es sich um eine natürliche Person – ein klassischer freiberuflicher Steuerberater – oder eine juristische Person – etwa eine Steuerkanzlei – handeln. Sie müssen auf dem Fragebogen angeben, welche der beiden Varianten zutrifft. Sie können außerdem im Abschnitt „Empfangsbevollmächtigung" die Kontaktinformationen des Steuerberaters angeben, damit das Finanzamt mit ihm in Kontakt treten kann. Dieser Fall wird „Steuerliche Beratung mit Empfangsvollmacht" genannt und erlaubt die Kommunikation zwischen Finanzamt und Berater über Ihre Finanzen. Wenn Sie die Finanzen vollständig von einem Steuerberater erledigen lassen, spart Ihnen die Empfangsvollmacht eine Menge Zeit und Aufwand. Ob Sie die Kommunikation ohne Ihre Anwesenheit zulassen möchten, müssen Sie selbstverständlich selbst entscheiden.

e. Angaben über die bisherigen persönlichen Verhältnisse

Im weiteren Verlauf müssen Sie Angaben über die bisherigen persönlichen Verhältnisse machen. Dazu gehören Angaben darüber, ob Sie innerhalb der letzten zwölf Monate umgezogen sind und wie gegebenenfalls die bisherige Adresse lautete. Auch wird erfragt, ob Sie innerhalb der letzten drei Jahre im Hinblick auf die Einkommensteuer steuerlich erfasst waren.

f. Angaben über die Art der Tätigkeit

Anschließend geht es um Angaben über die Art Ihrer Tätigkeit. Zunächst müssen Sie eine kurze, genaue Beschreibung über Ihre gewerbliche Tätigkeit abgeben. Sie beschreiben dabei kurz und präzise, was genau Sie machen, beispielsweise: „Design von Logos und Websites", „Verkauf von Damenmode im Einzelhandel", „Produktion und Verkauf von Likören" oder Ähnliches. Daneben müssen Sie die Bezeichnung des Unternehmens angeben. Das bedeutet: Geschäftsbezeichnung oder Firmenname (nur wenn eine Firmierung erfolgen darf). Auch Angaben über Adresse, Kontaktdaten und Website des Unternehmens sind an dieser Stelle verpflichtend, sofern diese Daten vorhanden sind (beispielsweise haben Sie möglicherweise – noch – keine Website eingerichtet). Letztlich gehört zu diesem Abschnitt auch der Beginn der Tätigkeit. Das ist übrigens nicht das Datum der offiziellen Eröffnung, sondern der tatsächliche Beginn der Arbeitsaufnahme. Die Arbeitsaufnahme wird mit den ersten Schritten des Handelns für das Gewerbe getätigt – also etwa mit der Anmietung von Geschäftsräumen oder dem Ankauf von Waren. Daher kann das Datum durchaus vor der Gewerbeanmeldung liegen. Haben Sie beispielsweise Geschäftsräume angemietet, ist dies eine Tätigkeit, die in vielen Fällen vor der Gewerbeanmeldung stattfindet.

g. Geschäftsleitung und Betriebsstätten

Es ist theoretisch möglich, dass der Ort der Geschäftsleitung abweicht. Der Ort der Geschäftsleitung ist gemäß § 10 der Abgabenordnung (AO) der „Mittelpunkt der geschäftlichen Oberleitung". Wären Sie beispielsweise überwiegend in einem Büro abseits Ihrer Gewerberäume tätig, könnte dieser Punkt erfüllt sein. Für die meisten neuen Gründer und Selbstständigen wird dies jedoch in der Praxis kaum Relevanz haben. Falls Sie Ihren Leitungsmittelpunkt dennoch an einen anderen Ort verlegt haben, müssen Sie dies im Fragebogen angeben. Das Gleiche gilt für Betriebsstätten. Betriebsstätten sind beispielsweise Produktionsstätten außerhalb der Verkaufsräume, zusätzliche Verkaufsräume sowie Werkstätten. Dies könnte insbesondere für gastronomische Betriebe relevant sein. Wenn Sie etwa ein Eiscafé eröffnet haben, aber die Eiscremeproduktion in einer gesonderten Produktionsstätte durchführen, handelt es sich dabei um eine Betriebsstätte. Diese müssen Sie mit Adresse und Kontaktdaten im Fragebogen angeben.

h. Die Eintragung ins Handelsregister

Im nächsten Abschnitt geht es um die Eintragung ins Handelsregister. Allerdings ist der gesamte Abschnitt zum Handelsregister für Einzelunternehmer nur im Fall der Rechtsform der „e. K." relevant. Diese Rechtsform ist die eines „eingetragenen Kaufmanns". Diese Rechtsform ist für neue Gründer aber überwiegend irrelevant. In der Regel können Sie den gesamten Abschnitt überspringen. Nur wenn die Eintragung ins Handelsregister bereits erfolgt oder geplant ist, hat dieser Abschnitt Relevanz.

i. Über die Gründungsform

Im nächsten Bereich kommen Sie zum Feld 87, wo Sie gefragt werden, ob Sie neu gründen. Sie haben die Auswahl, anzugeben, ob es sich um eine Neugründung, eine Verlegung, eine Übernahme oder eine Verschmelzung von einem oder mehreren Unternehmen handelt. Wenn Sie Ihr Gewerbe selbst gründen, kommt für Sie nur die Neugründung in Betracht. In dem Fall ist der Abschnitt schnell beendet. Übernehmen Sie allerdings ein Unternehmen von einem anderen, dann müssen Sie sehr viele Daten zum vorherigen Unternehmen angeben. Dazu zählen beispielsweise die Adresse, bisherige Kontaktdaten und Steuernummern des bisherigen Inhabers oder des übernommenen Unternehmens. Im Falle einer Unternehmensübernahme sollten Sie sich rechtzeitig um diese Daten kümmern, falls Sie sie nicht vorliegend haben.

j. Angaben über die bisherigen wirtschaftlichen Verhältnisse

Im nächsten Abschnitt müssen Sie Auskünfte über die wirtschaftlichen Verhältnisse der letzten fünf Jahre geben. Dazu zählt auch die Angabe darüber, ob Sie bereits früher eine gewerbliche oder freiberufliche Tätigkeit ausgeübt haben. Sollte dies auf Sie zutreffen, werden weitere Angaben über die Art und den Zeitraum der Tätigkeit fällig. Ist dies nicht der Fall, sind Sie mit dem Abschnitt schnell durch.

k. Steuervorzahlung und Gewinnermittlung

Im Folgenden müssen Sie Angaben über Ihre Gewinne machen – besser gesagt über die Gewinne, die Sie erwarten. Feld 100 ist das erste Feld dieses Abschnittes. Dies ist einer der etwas komplexeren Abschnitte, daher sollten Sie hier mit besonderer Sorgfalt arbeiten. Es geht in diesem Abschnitt um die Schätzung des Einkommens des Folgejahres.

Wichtig an dieser Stelle: Sie sollten beachten, dass nicht nur die Einnahmen aus gewerblicher oder anderweitig selbstständiger Tätigkeit erfasst werden. Auch Einnahmen aus Vermögen, Miete und Verpachtung werden erfragt.

Die gleichen Schätzungen müssen Sie für die Einnahmen des Lebens- oder Ehepartners machen, sofern Sie einen angegeben haben. Das realistische Einschätzen der Einkünfte ist sicherlich eine kleine Kunst für sich, sollte aber mit ein wenig Betrachtung der Details mehr oder weniger möglich sein. So können Sie beispielsweise anhand von Verkaufspreisen, bereits bestehendem oder sicherem Kundenstamm und Marktwert Ihrer Leistung eine grobe Orientierung schaffen. Im gleichen Abschnitt werden Sie in Feld 107 nach Sonderausgaben und Steuerabzügen gefragt. Sonderausgaben sind beispielsweise Ausgaben für Kranken- und Pflegeversicherungen oder die Rentenversicherung. Das Finanzamt nutzt all diese Angaben anschließend, um die Steuervorauszahlung festzulegen.

Im nachfolgenden Schritt müssen Sie angeben, wie die Gewinnermittlung in Ihrem Gewerbe stattfinden soll. In der Regel wird dies durch Einnahme-Überschuss-Rechnung (EÜR) geschehen.

Zur Erinnerung: Kaufleute können diese Möglichkeit wählen, wenn der Umsatz 600.000 € und der Gewinn 60.000 € im Jahr nicht übersteigen. Mehr dazu, wie Sie die EÜR aufsetzen, erfahren Sie später.

I. Steuern und Mitarbeiter

Im nächsten Schritt geht es um diverse Steuern und Mitarbeiter im Gewerbe. Zunächst werden Angaben über Bauabzugssteuern benötigt. Dies ist jedoch nur für Unternehmen aus der Bauwirtschaft relevant. Sie haben an dieser Stelle die Möglichkeit, eine Freistellung von Steuerabzug bei Bauleistungen zu beantragen. Für Gewerbegründer hat dieser Abschnitt regelmäßig keine Relevanz, sodass Sie umgehend zum nächsten Punkt gehen können. Dort geht es um Ihre Mitarbeiter und etwaige Lohnsteuer. Schließlich möchte das Finanzamt auch wissen, mit wie viel Lohnsteuer voraussichtlich zu rechnen ist. Die Angaben zu etwaigen Mitarbeitern beginnen ab Feld 113. Haben Sie derzeit keine Mitarbeiter einzustellen geplant? Dann können Sie auch diesen Schritt überspringen. Jeder einzelne Mitarbeiter – ob tatsächlich vorhanden oder geplant – sollte jedoch angegeben werden. Die Lohnsteuer wird daraus berechnet und je nach Höhe in verschiedenen zeitlichen Abschnitten fällig. Bei maximal 1080 € zu erwartender Lohnsteuer wird das Finanzamt sie jährlich einziehen. Bei mehr als 1080 €, aber weniger als 5000 € wird die Zahlung quartalsweise fällig. Sind mehr als 5000 € Lohnsteuer zu erwarten, verlangt das Finanzamt die Zahlung sogar monatlich. So hoch wird Ihre Lohnsteuer bei Gründungsbeginn jedoch sehr wahrscheinlich nicht ausfallen. Die meisten Gewerbegründer starten schließlich mit einem kleinen Mitarbeiter-Pool. Anschließend müssen Sie angeben, in welcher Betriebsstätte die Mitarbeiter arbeiten werden.

m. Umsatzsteuer und Kleinunternehmerregelung

Danach geht es zum Abschnitt über Umsatzsteuer und zur Kleinunternehmerregelung. Die Kleinunternehmerregelung haben Sie bereits bestens kennengelernt. Das erste Feld 121 ist nur für diejenigen relevant, die ein Unternehmen übernommen haben. Feld 122 ist schließlich dafür da, die Betriebseinnahmen für das Eröffnungsjahr sowie das Folgejahr zu schätzen. Im Anschluss geben Sie an, ob Sie von der Kleinunternehmerregelung Gebrauch machen möchten (Feld 123).

Haben Sie die Kleinunternehmerregelung gewählt, können Sie die nächsten Fragen zur Umsatzsteuerabgabe und Soll-Ist-Besteuerung überspringen. Wenn Sie von der Regel keinen Gebrauch machen möchten, kreuzen Sie Feld 124 an und müssen sich mit den weiteren Fragen beschäftigen. Bedenken Sie an dieser Stelle, dass Sie erst nach fünf Jahren wieder die Möglichkeit haben werden, von der Kleinunternehmerregelung Gebrauch zu machen – egal, wie hoch Ihre Einnahmen in der Zwischenzeit sind. Haben Sie sich gegen die Kleinunternehmerregelung entschieden, müssen Sie die voraussichtliche Umsatzsteuer schätzen. Als Faustsatz wird der voraussichtliche Umsatz pauschal mit 19 % multipliziert, um die Steuer zu berechnen. Ähnlich wie bei der Lohnsteuer bestimmt auch bei der Umsatzsteuer die Höhe die Häufigkeit der Zahlungen. Wird die geschätzte Steuer auf mehr als 7500 € pro Jahr bestimmt, sollten Sie das Feld 126 ankreuzen und sich zur monatlichen Umsatzsteuervoranmeldung bereit erklären. Andernfalls zahlen Sie quartalsweise, was zu hohen Summen auf einen Schlag führen kann. Im Feld 136 beschäftigen Sie sich damit, ob Sonderleistungen nach § 4 des Umsatzsteuergesetzes (UstG) anfallen. Das sind beispielsweise Lieferungen ins EU-Ausland. Sie können für diese Fälle eine Steuerbefreiung beantragen. Anschließend fragt Feld 138 danach, ob Sie Umsätze machen, die der Durchschnittsbesteuerung unterliegen. Dies betrifft allerdings nur land- und forstwirtschaftliche Betriebe.

Letztlich treffen Sie im Feld 139 die Entscheidung über die Soll-Ist-Besteuerung. In der Regel ist die Ist-Besteuerung vorteilhafter. Mit der Ist-Besteuerung werden nur solche Umsätze besteuert, die auch tatsächlich gemacht wurden. Sie besteuern Einnahmen erst, nachdem ein Kunde den Rechnungsbetrag überwiesen hat. Mit der Soll-Besteuerung sieht dies anders aus: Sie zahlen die Steuern, sobald die Rechnung ausgestellt wurde – ob der Kunde gezahlt hat oder nicht, ist irrelevant. Sie können als Gewerbegründer die Ist-Besteuerung auswählen, allerdings müssen Sie auf dem Fragebogen einen der angegebenen Gründe auswählen: Etwa, dass Ihre voraussichtlichen Umsätze 600.000 € nicht übersteigen werden. Schließlich haben Sie im Feld 144 die Möglichkeit, die Umsatzsteueridentifikationsnummer zu beantragen. Es empfiehlt sich, diesen Schritt direkt mitzunehmen. Abschließend werden Ihnen Fragen zur Steuerschuldnerschaft eines Leistungsempfängers bei Bau- sowie Gebäudereinigungsleistungen gestellt. Dies wird für Sie in der Regel nicht von Bedeutung sein und Sie können mit dem nächsten Abschnitt fortfahren.

n. Die umsatzsteuerliche Organschaft

Besteht eine größere Beteiligung an einem anderen Unternehmen – beispielsweise an einer Tochtergesellschaft –, nennt sich dies Organträgerschaft eines Unternehmens. In solchen Fällen ist die Organträgerschaft – also die Muttergesellschaft – verantwortlich für die Umsatzsteuer. Sofern dies auf Ihr Unternehmen zutrifft, müssen Sie das auf dem Fragebogen ebenfalls angeben. In vielen Fällen können Sie diesen Schritt jedoch überspringen.

o. Die sogenannte One-Stop-Shop-Besteuerung

Für Unternehmer, die in andere EU-Länder Waren verkaufen möchten, gibt es die sogenannte One-Stop-Shop-Regel. Dies betrifft etwa Onlinehändler, die über die deutschen Grenzen hinaus liefern möchten. Durch diese spezielle Besteuerungsregel sollen steuerliche Hürden deutlich vereinfacht werden.

Andernfalls könnte die Besteuerung aufgrund der diversen Steuerregelungen der verschiedenen Länder sehr kompliziert werden. Einfach gesprochen, ermöglicht diese Regelung die elektronische Steuermeldung an das Bundeszentralamt für Steuern. Diese werden einmal im Quartal fällig. Haben Sie die Möglichkeit, diese Regel zu nutzen, möchten es aber nicht, müssen Sie dafür einen Grund angeben. Das könnte etwa sein, weil die Umsätze erwartungsweise sehr gering sein werden oder weil die Versteuerung vollständig im Zielland erfolgen soll (je nach Zielland könnte dies steuerliche Vorteile bringen). Wenn Sie keine Waren ins EU-Ausland liefern möchten, brauchen Sie sich mit diesem Punkt nicht weiter zu befassen.

p. Umsätze im Onlinehandel

Auch der nachfolgende Schritt betrifft Sie nur, wenn Sie sich mit dem Onlinehandel befassen. Abschnitt 20 des Fragebogens fragt danach, ob Sie einen Onlineshop betreiben und ob Sie gleichzeitig andere Marktplätze des Internets (Etsy oder Amazon) nutzen werden. Sie müssen hier alle genutzten Marktplätze angeben, inklusive Account-Name. So kann das Finanzamt Ihre Shop-Einnahmen im Zweifelsfall identifizieren.

q. Vollmachten

Gegen Ende des Fragebogens kommen Sie zu Vollmachten. Sie haben das Ausfüllen des Bogens beinahe geschafft! Im Abschnitt zu den Vollmachten setzen Sie lediglich Kreuze darüber, welche Dokumente Sie dem Finanzamt übermitteln werden. Das ist beispielsweise die SEPA-Lastschriftvollmacht oder eine Vollmacht für den Steuerberater. Hochladen können Sie diese Dokumente leider nicht. Die Übersendung muss per Post erfolgen. Am besten unternehmen Sie dies direkt nach Absendung des elektronischen Fragebogens, damit das Thema abgeschlossen ist.

r. Abschluss des Fragebogens

Das System ELSTER überprüft nun noch einmal alle Ihre angegebenen Daten auf Plausibilität. Haben sich irgendwo Auffälligkeiten oder wahrscheinliche Fehler eingeschlichen, werden Sie darauf hingewiesen. Das Gleiche gilt für fehlende Angaben. So können Sie gezielt dort ansetzen, wo Sie eine Angabe vergessen haben oder wo sich möglicherweise ein Fehler eingeschlichen hat. Die Überprüfung der Angaben ist somit recht einfach. Anschließend übermitteln Sie die Angaben mit einem weiteren Klick – geschafft! Herzlichen Glückwunsch!

9.1.3 Besonderheiten für Personengesellschaften

Haben Sie sich mit anderen Gründern zu einer Personengesellschaft zusammengeschlossen? Dann fällt für Sie ein anderes Formular an. Dieses ist jedoch weitgehend identisch mit dem für Einzelunternehmer. Unterschiede finden Sie nur in den folgenden Punkten:

1. Abschnitt 1: Anstatt Angaben zur Person müssen Sie hier Angaben zur Gesellschaft machen

2. Abschnitt 8: Sie müssen alle Vertreter der Gesellschaft angeben – das bedeutet Gesellschafter und Geschäftsführer

3. Abschnitt 11: Sie müssen angeben, ob die Personengesellschaft zu einem Konzern gehört

4. Abschnitt 12: Von Ihnen wird die Einreichung der Eröffnungsbilanz verlangt

5. Abschnitt 13: Sie müssen den jeweiligen Gewinnanteil eines jeden Gesellschafters schätzen (für Gewinne aus dem Eröffnungs- und dem Folgejahr); an dieser Stelle müssen persönliche Daten der Beteiligten und Informationen über die Art Ihrer Beteiligung angegeben werden

6. Abschnitt 21: Sie haben eine Auswahl an zusätzlichen Dokumenten, die für den Fragebogen der Personengesellschaften relevant sind; dazu zählen der Gesellschaftsvertrag, Umwandlungsverträge und Verträge zwischen den Gesellschaftern (etwa über das Innenverhältnis)

Sie sehen schon: Der Fragebogen unterscheidet sich nur in wenigen unkomplizierten Punkten.

a. Tipps zur Fehlervermeidung

Vermeiden Sie einige typische Anfängerfehler und Ihre Erklärung wird kein großes Problem! Die folgenden Tipps helfen Ihnen:

1. Der steuerliche Erfassungsbogen bittet um Angabe einer Kontoverbindung für Steuerzahlungen und Steuererstattungen. Gründer geben häufig ihr privates Konto an. Allerdings vermischen sich so die privaten und beruflichen Finanzen. Dies ist allein der Übersichtlichkeit halber keine gute Idee. Für manche Gruppen – insbesondere Kapitalgesellschaften – ist ein Geschäftskonto sogar verpflichtend. Das gilt zwar nicht für Einzelunternehmer, dennoch ist die Angabe eines Geschäftskontos sinnvoll. So erhalten Sie sofort eine Übersicht über alle Einnahmen und Ausgaben im Zusammenhang mit Ihrem Gewerbe.

2. Schätzen Sie Ihre Gewinnprognose realistisch ein. Viele Gründer geben sich bei der ersten Gewinnprognose keine große Mühe oder finden nicht die Zeit für eine realistische Schätzung. Das Finanzamt basiert auf der Schätzung des Umsatzes und Gewinns der ersten zwei Geschäftsjahre die Steuervorauszahlung. Wenn Sie nun einen viel zu hohen Wert eintragen, wird Ihre erste Vorauszahlung ebenfalls sehr hoch ausfallen. Haben Sie dann gar nicht entsprechende Umsätze gemacht, werden Sie sich über die Zahlungsaufforderungen schnell ärgern. Eine Herabsetzung der Zahlungen muss nämlich erst beim Finanzamt beantragt werden. Auch zu niedrige Einschätzungen können jedoch Probleme bringen. Nach der ersten Steuererklärung wird nämlich eine Nachzahlung fällig. Gleichzeitig wird eine neue Steuervorauszahlung festgelegt. Haben Sie nun bei der Schätzung einen viel zu niedrigen Betrag oder gar null Euro Gewinn angegeben, dürfen Sie auf einmal eine sehr hohe Zahlung auf einmal erwarten. Wenn Sie dann nicht ausreichend Rücklagen zur Verfügung haben, wird das eine schmerzvolle Zahlung. Ideal ist also ein guter Mittelweg – oder das Aufbauen von Rücklagen, wenn sich Ihre Vorauszahlung als sehr

niedrig herausstellt. So sichern Sie sich gegen etwaige hohe Zahlungen. Analysieren Sie außerdem regelmäßig Ihre Einnahmen und Ausgaben. So können Sie das Finanzamt rechtzeitig über eine etwaige Herauf- oder Herabsetzung der Vorauszahlungen informieren.
3. Schließen Sie die Kleinunternehmerregelung nicht vorschnell aus. Sie haben im Rahmen der steuerlichen Erfassung selbst die Möglichkeit, anzugeben, ob Sie von der Kleinunternehmerregelung Gebrauch machen wollen oder nicht. Wie bereits zuvor erwähnt, lohnt sich die Kleinunternehmerregelung in den meisten Fällen sehr. Daher sollten Sie von Ihr ruhig Gebrauch machen – insbesondere am Anfang Ihrer Gewerbekarriere.
4. Falls Umsatzsteuer ausgewiesen wird, wählen Sie die Ist-Versteuerung und nicht die Soll-Versteuerung: Mit der Soll-Versteuerung wird die Zahlung der Umsatzsteuer direkt nach dem Ausstellen der Rechnung erhoben – unabhängig davon, ob die Rechnung von einem Kunden bereits bezahlt wurde oder nicht. Unternehmer gehen gegenüber dem Finanzamt sozusagen möglicherweise in Vorleistung.

Ein Beispiel: Sie stellen einem Kunden eine Rechnung über 1000 € aus. Die dafür anfallende Umsatzsteuer zahlen Sie sofort – auch wenn der Kunde die Rechnung noch nicht bezahlt hat. Die Ist-Versteuerung hingegen erhebt Umsatzsteuer erst, wenn ein Kunde eine Rechnung tatsächlich bezahlt hat. Für junge Unternehmer, die noch keinen großen zuverlässigen Kundenstamm aufgebaut haben, ist diese Besteuerung wesentlich vorteilhafter. Sie müssen nur Geld abführen, was Sie auch eingenommen haben. Wenn Sie die Möglichkeit haben, zwischen Soll- und Ist-Besteuerung auszuwählen, sollten Sie dies auf jeden Fall in Anspruch nehmen. Die Möglichkeit haben Freiberufler, Einzelunternehmer und GbRs, die zu den nicht-bilanzpflichtigen Unternehmen zählen, sowie buchführungspflichtige Unternehmen wie GmbHs und OHGs.

b. Tipp: Ausfüllhilfen in Anspruch nehmen

Gewerbegründer und Freiberufler haben jeweils die Möglichkeit, den Bogen selbst auszufüllen oder Hilfen zu nutzen. Für das Ausfüllen des Bogens haben Sie eine Frist von wenigen Wochen. Da dies neben der Etablierung des Unternehmens auf dem Markt ein unangenehmer bürokratischer Aufwand sein kann, nutzen einige Gründer gerne professionelle Hilfen. Ein Steuerberater kann beispielsweise das Ausfüllen übernehmen und Ihnen den Aufwand abnehmen. Natürlich geht das mit höheren Kosten einher. Haben Sie jedoch wirklich keine Zeit oder keine Nerven im Rahmen des Gründungsprozesses, kann sich die professionelle Hilfe lohnen.

Möchten Sie lieber kein zusätzliches Geld ausgeben oder lernen, wie Sie eigenhändig den Bogen ausfüllen? Dann nutzen Sie ruhig die hier vorangegangene Schritt-für-Schritt-Erklärung. Damit werden Sie sicherlich gut durch den Bogen kommen. Scheuen Sie sich nicht, Hilfe zu suchen, wenn Sie das Gefühl haben, nicht voranzukommen, oder wenn Probleme auftreten. Es ist immer besser, im Voraus Fragen und Schwierigkeiten zu klären, als im Nachhinein die Konsequenzen zu lösen.

9.2 DIE ERMITTLUNG IHRES GEWINNS PER EINNAHMEN-ÜBERSCHUSS-RECHNUNG

Im Nebengewerbe können Sie Ihren Gewinn bzw. Verlust ganz einfach über eine Einnahmen-Überschuss-Rechnung ermitteln. Dies entspricht einer stark vereinfachten Form der Gewinnermittlung, bei der Sie die Einnahmen und Ausgaben gemäß dem Prinzip der Ist-Versteuerung gegenüberstellen.

Um die Gewinne mit Hilfe der EÜR ordentlich durchzuführen, erhalten Sie mit dem amtlichen Formular eine Anlage. Die Anlage EÜR hilft Ihnen, die EÜR ordnungsgemäß aufzuschreiben. Seit dem Jahr 2018 ist es verpflichtend, die Anlage zu nutzen – Sie können also keine einfache, formlose EÜR ohne Vorlage beifügen. Die Vorlage erleichtert Ihnen das Erstellen allerdings ohnehin. Das Finanzamt wiederum stellt dadurch sicher, dass die Unterlagen aller Gewerbetreibenden ordentlich sind. Sie versenden die EÜR elektronisch an das Finanzamt. In ganz wenigen Ausnahmefällen – sogenannten Härtefällen – ist das Absenden der EÜR in Papierform erlaubt. Solche Härtefälle sind in der Regel nur vorhanden, wenn Sie beispielsweise keinen PC, keinen Internetzugang und keinen Steuerberater haben, deren Hilfe und Ressourcen Sie in Anspruch nehmen könnten. Hier ein einfaches Beispiel für die EÜR:

Betriebseinnahmen	
Umsatzsteuerfreie Einnahmen	6600 €
Sachentnahmen	1500 €
Verkauf von Anlagevermögen	250 €
Private Nutzung des Geschäftsfahrzeugs	500 €
Private Nutzung des Geschäftstelefons	50 €
Summe der Betriebseinnahmen	8900 €

Die private Nutzung des Geschäftsfahrzeugs und -telefons wird als Einnahme verzeichnet, da daraus ein finanzieller Vorteil entstanden ist. Diese Summen wären sonst als private Ausgaben entstanden.

Betriebsausgaben	
Wareneinkäufe	2000 €
Miete für Geschäftsräume	4000 €
Portokosten	50 €
Werbekosten	100 €
Kosten für Strom, Gas, Wasser	1000 €
Kfz-Kosten	1500 €
Telefon- und Internetkosten	150 €
Summe Betriebsausgaben	8800 €

In diesem Beispiel übersteigen die Betriebseinnahmen die Betriebsausgaben. Daher wird ein (wenn auch geringer) positiver Jahresüberschuss/ Gewinn verzeichnet.

9.3 DIE EINKOMMENSTEUERERKLÄRUNG

Irgendwann wird für Sie die Einkommensteuererklärung fällig. Auch dafür gibt es Anlagen des Finanzamtes, die Sie nutzen sollen. Die Einkommensteuer ist ebenfalls ein unbeliebtes Thema bei vielen Gewerbetreibenden. Doch auch hier kann es Entwarnung geben: Mit ein wenig Hilfe und der nachfolgenden Checklisten wird die Steuererklärung gar nicht so kompliziert werden.

Zum Lohn- und Einkommenssteuerrechner:

http://bit.ly/3EWncKl

9.3.1 Welche Anlagen sind relevant?

Je nachdem, ob Sie gewerblich oder freiberuflich tätig sind, kommt für Sie eine andere Anlage in Betracht:

Die **Anlage S** ist für Einkünfte aus freiberuflicher selbstständiger Arbeit, die **Anlage G** für Einkünfte aus einem Gewerbebetrieb relevant. Als Kleingewerbetreibender nehmen Sie also Anlage G, Freiberufler wählen die Anlage S.

Die Einkommensteuererklärung geben Sie über das Portal ELSTER ab. Dort füllen Sie ein **Grundformular** und ggf. einige Sonderformulare – abhängig von Ihrer Situation – aus.

Die **Anlage G** ist das wichtigste Sonderformular (für Freiberufler Anlage S). Diese Anlage erfasst die Einnahmen aus dem Gewerbebetrieb. Hier wird der Gewinn erfasst, den Sie im Vorjahr erzielt haben.

Weiterhin fällt für Sie die Anlage **EÜR** an. In dieser Anlage erfassen Sie den mittels EÜR errechneten Gewinn oder Verlust. Außerdem kann auch die **Anlage N** relevant werden. Die Anlage N ist für Angestellte. Wenn Sie zusätzlich zu Ihrem Nebengewerbe einer Angestelltentätigkeit nachgehen, müssen Sie auch die durch diese Tätigkeit erzielten Gehaltseinnahmen angeben.

9.3.2 Checklisten – welche Unterlagen benötigen Sie?

Halten Sie notwendige Unterlagen parat, wenn Sie Ihre Steuererklärung angehen. So haben Sie bereits alles zur Hand und müssen nicht mehrfach unterbrechen, um Ihre Unterlagen zu durchforsten. Die folgenden **Unterlagen** benötigt jeder bei der Bearbeitung der Steuererklärung:

☐ Ihre persönliche Steueridentifikationsnummer (auf dem Steuerbescheid des Vorjahres)

☐ Elektronische Lohnsteuerjahresbescheinigung, sofern vorhanden

☐ Ggf. Nachweise über Fehlzeiten im Job, etwa durch Mutterschaft oder Arbeitslosigkeit

☐ Ggf. Leistungsbescheide und Mitteilungen der Bundesagentur für Arbeit über geleistete Zahlungen

☐ Ggf. Leistungsbescheide oder Mitteilungen der Krankenkasse über geleistete Zahlungen

☐ Ggf. Kirchensteuerbescheid (es sei denn, es ist bereits auf der Lohnsteuerbescheinigung angegeben)

☐ Ggf. Nachweise über körperliche Behinderungen

☐ Ihre Bankverbindung

Sonderausgaben

Haben Sie **Sonderausgaben**, die Sie geltend machen wollen? Dann können Sie die folgenden Unterlagen einreichen:

☐ Angaben zu Beitragszahlungen an private Personenversicherungen, Lebensversicherungen, private Rentenversicherungen, Riester und Rürup

☐ Unfallversicherungen und Risiko-Lebensversicherungen

☐ Haftpflichtversicherungen, wie die private Haftpflichtversicherung oder die Kfz-Haftpflichtversicherung

☐ Bescheinigungen von Krankenkassen über bezahlte Beiträge zur Kranken- und Pflegeversicherung (es sei denn, es ist auf der Jahreslohnsteuerbescheinigung angegeben); hier nicht zu vergessen: auch Erstattungen müssen angegeben werden

☐ Belege über Spenden, Mitgliedsbeiträge an politische Parteien und Ähnliches

Möchten Sie sogenannte **außergewöhnliche Belastungen** geltend machen? Dann können Sie die folgenden Belege einreichen:

☐ Nachweise über Arztkosten (auch Krankenhaus- und Kurkosten)

☐ Nachweise über Zuzahlungen zu Zahnersatz, Brillen, Hörgeräten und sonstigen gesundheitlichen Leistungen

☐ Nachweise über Zuzahlungen zu ärztlich verordneten Medikamenten und ähnlichen außergewöhnlichen Belastungen

☐ Nachweise über die Pflege von Angehörigen und Zahlung von Pflegegeld

☐ Belege über die Unterstützung von Angehörigen sowie über die Zahlung von Unterhaltsleistungen, Renten und Nachweise über das Einkommen dieser Angehörigen

☐ Nachweise über Scheidungskosten

☐ Nachweise über Beerdigungskosten

Denken Sie daran, dass der Mindesteigenbetrag bezüglich dieser Ausgaben variieren kann. Je nach Gehalt und Familiensituation liegt er zwischen einem und sieben Prozent des Bruttoeinkommens.

Kinder

Auch für **Kinder** können Sie bestimmte Belege einreichen. Sie müssen in dem Fall Angaben darüber machen, wie viele Kinder zu Ihnen gehören. Zu den Belegen gehören:

- ☐ Bescheinigungen über Kindergeld
- ☐ Belege zu Kinderbetreuungskosten (mit Zahlungsnachweis)
- ☐ Nachweise über den Bezug von Unterhaltsleistungen
- ☐ Bei Kindern ab 18 Jahren Ausbildungsnachweise (etwa die Immatrikulationsbescheinigung)
- ☐ Ggf. Nachweis über auswärtige Unterbringungen der Kinder (ab 18 Jahren; etwa Studierende und Auszubildende)
- ☐ Ggf. Nachweis über Behinderungen der Kinder
- ☐ Nachweis über Krankenversicherungsbeiträge der Kinder

Sie können außerdem **berufsbedingte Aufwendungen** und **Werbungskosten** einreichen. Dazu zählen beispielsweise:

☐ Belege über Fahrtkosten für Fahrten zwischen Wohnung und Arbeitsstätte (genaue Ermittlung von Entfernung und Anzahl der gefahrenen Tage durch den Arbeitnehmer notwendig), inklusive Angabe des benutzten Fahrzeugs

☐ Nachweise über Kosten für Berufskleidung, Arbeitsmittel, Werkzeuge und Fachliteratur

☐ Nachweise über Fortbildungskosten (beispielsweise Gebühren, Fahrtkosten, Übernachtungskosten und auch Schreibmaterialien)

☐ Nachweise über Bewerbungskosten (inklusive Telefon- und Internetkosten)

☐ Nachweise über dienstlich bedingte Reisekosten (falls Sie zusätzlich in einem Arbeitnehmerverhältnis stehen, müssen Sie Erstattungen des Arbeitgebers abziehen)

☐ Nachweise über Beiträge zu Berufsverbänden und Gewerkschaften

☐ Steuerberatungskosten

☐ Nachweise über Unfallkosten auf dem Arbeitsweg oder auf Dienstreisen (auch Nachweise über Erstattungen der Versicherungen)

☐ Nachweise über berufliche Beitragsanteile für (private) Unfall- und Rechtsschutzversicherungen

☐ Ggf. Nachweise über Kosten für ein häusliches Arbeitszimmer

☐ Ggf. Nachweise über Kosten für doppelte Haushaltsführung

Haben Sie Einkünfte aus **Kapitalvermögen** und **Werbungskosten**? Dann finden Sie auch hier einen Bereich im Rahmen der Steuererklärung, diese Einkünfte nachzuweisen. Dazu zählen:

- ☐ Insbesondere Einkünfte über Zinsen und Dividenden – nur bei Einkünften, die über die Freistellungsgrenze hinausgehen, oder in solchen Fällen, in denen die Bank Steuern abgezogen hat
- ☐ Nachweise über vermögenswirksame Leistungen

Auch Einkünfte aus **Vermietung** und **Verpachtung** können relevant werden. Dafür können Sie folgende Nachweise einreichen:

- ☐ Belege über haushaltsnahe Dienstleistungen und Handwerkerleistungen (mittels Rechnungen, Verträge oder Überweisungsnachweise)
- ☐ Belege über haushaltsnahe Beschäftigungsverhältnisse (beispielsweise über Verträge)
- ☐ Belege über Betriebskosten
- ☐ Belege über Kosten der Vermietung (etwa Kaufvertrag, Maklergebühren, Grunderwerbssteuer und Ähnliches)
- ☐ Jahresabrechnung der Wohneigentümergemeinschaft (d. h. Eigentümer und Mieter)

Schließlich können Sie auch besondere Leistungen als **Rentner** angeben. Insbesondere müssen Sie die Leistungen, die Sie aus (privaten und gesetzlichen) Rentenversicherungen erhalten haben, angeben. Denken Sie daran, dass Sie nicht nur Ausgaben geltend machen, sondern auch Einnahmen angeben müssen. Vergessen Sie daher nicht, alle Einkünfte und Erstattungen von Behörden zu bedenken. Heutzutage können Sie mit Hilfe einer Steuersoftware oder eines Einkommensteuer-Onlinerechners berechnen, wie viel Steuerbelastung Sie voraussichtlich zu erwarten haben. Auch die Beratung durch einen Steuerberater kann unangenehmen Überraschungen vorbeugen.

9.3.3 Fristen für die Steuererklärung

Steuererklärungen sind in der Regel bis zum **31. Juli des Folgejahres** einzureichen. Das bedeutet: Für die Abgabe der Steuererklärung des Jahres 2018 galt der 31. Juli 2019 als Stichtag.

Wird die Steuererklärung von einem Steuerberater durchgeführt, verlängert sich die Frist um sieben Monate. In dem Fall würde im Beispiel der 29. Februar 2020 als Stichtag gelten. Wochenenden und Feiertage verlängern die Frist auf den folgenden Werktag. Dadurch wäre der Stichtag nicht der 29. Februar, da dieser ein Samstag war, sondern der 2. März (der ein Montag war) im Jahr 2020. In den Jahren 2020 bis 2022 galten verlängerte Fristen aufgrund der besonderen Umstände während der Corona-Pandemie. Fristen sollten möglichst eingehalten werden.

Nur in wenigen Ausnahmefällen werden Verlängerungen gestattet. Sie müssen dafür einen gut begründeten Antrag einreichen. Wird eine Frist nicht eingehalten, kann es teuer werden. Es entstehen Zuschläge für die Verspätung. In der Regel werden diese auf 0,25 % der festgesetzten Steuer festgelegt. Mindestens werden aber 25 € verlangt.

10. Buchhaltung

In diesem Abschnitt beschäftigen wir uns mit dem Thema Buchhaltung. Auch dieses Thema schreckt leider viele Gewerbegründer anfangs ab. Doch keine Sorge: Sie haben bereits gelernt, dass Sie als Kleingewerbetreibender keine komplizierte doppelte Buchführung vornehmen müssen. Sie brauchen sich also zunächst keine Sorgen machen. Damit auch bei der einfachen Variante nichts schiefgeht, lernen Sie hier alles Wissenswerte rund um das Thema Buchhaltung. Mit ein paar Tipps und Tricks bleiben Sie das ganze Arbeitsjahr auf dem Laufenden und haben am Ende keine großen Nachweisschwierigkeiten.

10.1 WÄHREND DES JAHRES: BELEGE SAMMELN UND ORDNEN

Idealerweise sollten Sie während des ganzen Jahres Ihre Unterlagen sorgfältig sammeln und zusammenhalten. Dazu gehören alle Eingangs- und Ausgangsabrechnungen. Sammeln Sie also Rechnungen, Zahlungsbelege, Kassenzettel usw. Sortieren Sie alles direkt in Ordner ein, um den Überblick zu behalten. Kommt es dann zum Tag der Steuererklärung, werden Sie dankbar sein – denn Sie können sich nun das nachträgliche Sortieren sparen. Informieren Sie sich vorher, welche Ausgaben Sie von der Steuer absetzen können. So stellen Sie einerseits sicher, dass Sie nur relevante Belege sammeln, und andererseits auch, dass Ihnen keine absetzungsfähigen Posten entgehen.

Grundsätzlich sind eine Reihe von Betriebsausgaben von der Steuer absetzbar. Betriebsausgaben werden in § 4 Absatz 4 EStG definiert. Demnach sind Betriebskosten „Aufwendungen, die durch den Betrieb veranlasst" werden. Das bedeutet in einfachen Worten, dass nahezu alle Aufwendungen, die Sie im Zusammenhang mit Ihrer selbstständigen Tätigkeit tätigen, zu den Betriebskosten zählen. Der Großteil dieser Ausgaben ist steuerlich absetzbar.

Das wiederum bedeutet, dass diese Ausgaben den zu versteuernden Gewinn und damit die zu zahlende Steuer mindern kann. Zu den Betriebskosten gehören unter anderem die folgenden Ausgaben:

- Personalkosten wie Löhne, Gehälter und Sozialleistungen
- Rohstoffe, Hilfsstoffe (beispielsweise Schrauben, Nägel, Muttern etc.), Betriebsstoffe (beispielsweise Kraftstoffe, Schmierstoffe und Ähnliches) und andere Materialkosten
- Instandhaltungskosten (bspw. Wartungs- und Inspektionskosten)
- Raum- und Mietkosten
- Energiekosten
- Werkzeugkosten
- Abschreibungen

Welche Kosten Sie im Einzelfall absetzen können und welche nicht, hängt immer von Ihren persönlichen Umständen ab. Besonders wichtig ist dabei die Branche, in der Sie tätig sind. Auch Ihre persönlichen Umstände spielen eine Rolle. Als weiteren Grundsatz können Sie sich merken: Alles, was Sie sowohl für den Betrieb als auch für das private Leben ausgeben müssen, können Sie nicht absetzen. Ein klassischer Fall dafür sind Lebensmittelkosten. Selbstverständlich benötigen Sie auch für die Arbeit Nahrungsmittel. Da Sie diese jedoch größtenteils auch im privaten Rahmen kaufen würden, können Sie die Zahlungen nicht von der Steuer absetzen.

Hier ist eine beispielhafte Liste von Ausgaben, die Sie als Betriebskosten von der Steuer absetzen können. Denken Sie daran: Die Angaben sind nicht zu 100 % verbindlich, stimmen aber in der Regel überein. Im Zweifelsfall können Sie den Steuerberater fragen:

- Abschreibungen und Anlagevermögen
- Anschaffungskosten, beispielsweise für das Büro, bestimmte Geräte usw.
- Ausgaben für Arbeitskleidung und das Arbeitszimmer
- Arbeitsmittel

- Bankgebühren (etwa für Girokonten und Zinsen)
- Büromaterial und Fachliteratur
- Fahrt- und Reisekosten
- Rundfunkbeitrag (früher GEZ, auch heute noch umgangssprachlich so genannt)
- Sportsponsoring
- Fortbildungskosten und Kosten der Persönlichkeitsbildung
- Kosten aus dem Homeoffice
- Homepagekosten, Aufwendungen für Domains und Software
- Investitionsabzugsbeträge
- Drucker und andere Ausstattungen
- Lohnkosten und andere Personalkosten
- Miete von Büroräumen oder Lagern
- Steuerberaterkosten
- Ausgaben für technische Geräte, wie Computer, Smartphone und Laptop
- Versicherungsprämien von Versicherungen für das Unternehmen
- Vorweggenommene Betriebsausgaben
- Wareneinkäufe

Die Liste ist keinesfalls vollständig, vermittelt jedoch einen groben Überblick über die absetzbaren Kosten. Absetzbare Ausgaben müssen in einem unmittelbaren Zusammenhang mit dem Betrieb stehen. Eine weitere Voraussetzung ist außerdem, dass Sie die Ausgaben tatsächlich nachweisen können. Haben Sie all Ihre Belege im Laufe des Jahres zusammengetragen, erleichtert es den Prozess ungemein.

In Zweifelsfällen kann Ihnen auch diesbezüglich ein Steuerberater helfen. Er kann in der Regel rechtssichere Angaben darüber machen, ob bestimmte Kosten absetzbar sind oder nicht. Fragen Sie ruhig nach, wenn Sie sich nicht sicher sind. So können Sie Fehler von vornherein vermeiden.

10.2 DIE KLEINUNTERNEHMERREGELUNG

Zur Kleinunternehmerregelung wurden in diesem Buch bereits einige Worte verloren. Die Regel wird in § 19 UStG festgehalten. Kurz gesagt stellt sie eine Vereinfachung für Unternehmen mit einem eher geringen Umsatz dar.

Zur Erinnerung: Wenn Sie von der Kleinunternehmerregelung Gebrauch machen möchten, darf der Umsatz Ihres Gewerbes im Gründungsjahr 22.000 € nicht überschreiten. Im Folgejahr dürfen Sie nicht mehr als 50.000 € Umsatz machen. Machen Sie von dieser Regelung Gebrauch, müssen Sie keine Umsatzsteuer zahlen. Sie dürfen dann selbstverständlich auch keine Umsatzsteuer auf Rechnungen ausweisen. Andernfalls würden Sie Zahlungen verlangen, auf die Sie keinen Anspruch haben.

Sie dürfen auf die Kleinunternehmerregelung verzichten – auch wenn alle Voraussetzungen dafür erfüllt sind. Allerdings ist diese Entscheidung für die nächsten fünf Jahre bindend. Sie können sich nicht anders entscheiden, auch nicht, wenn sich Ihr Umsatz deutlich verringert. Andersherum haben Sie jederzeit die Möglichkeit, von der Kleinunternehmerregelung in die Kaufmannseigenschaft zu wechseln. Das liegt allein schon daran, dass Sie automatisch kein Recht auf die Kleinunternehmerregelung mehr haben, wenn Sie einen zu großen Umsatz machen. Ob Sie die Regelung nutzen möchten oder nicht, hängt von Ihren Präferenzen und Umständen ab. Die beiden wichtigsten Vorteile in der Kleinunternehmerregelung liegen im Preisvorteil und in der Zeitersparnis:

1. **Preisvorteil**: Da Sie keine Umsatzsteuer zahlen müssen, können Sie Ihre Preise günstiger anbieten. Gerade für Kunden, die Endverbraucher sind, wird sich dies lohnen.

2. **Zeitvorteil**: Sie können sich die Umsatzsteuervoranmeldung und die Zahlungen ans Finanzamt sparen – das kann Ihnen viel Zeit und Mühe sparen.

Die Kleinunternehmerregelung kann jedoch auch Nachteile haben. In erster Linie können Vorsteueranmeldungen in Zeiten, in denen Sie hohe Ausgaben haben, vorteilhaft sein. Außerdem können Ihre Kunden ebenfalls keine Vorsteuer aus der Rechnung geltend machen. Insbesondere Unternehmen ziehen daraus jedoch einen finanziellen Vorteil. Richtet sich Ihr Gewerbe hauptsächlich auf Unternehmen als Kunden, erhalten Sie durch die Kleinunternehmerregelung daher womöglich einen Wettbewerbsnachteil. Sie sehen also: Der Kundenstamm bzw. Ihre Zielgruppe spielt eine entscheidende Rolle. Gerade für den Gewerbebeginn ist der Einstieg über die Kleinunternehmerregelung jedoch überwiegend empfehlenswert.

Als Kleinunternehmen können Sie auch mit mehreren Gewerben tätig sein. Nur weil Sie Inhaber mehrerer Gewerbe sind, macht Sie das nicht zum Kaufmann. Allerdings müssen Sie bedenken, dass stets die Gesamtheit des Umsatzes ins Gewicht fällt.

Sie können sich also nicht auf die Kleinunternehmerregelung berufen, wenn nur eines Ihrer Gewerbe einen Umsatz von weniger als 50.000 € macht und ein anderes beispielsweise 60.000 €. Auch zwei Gewerbe, die zusammen mehr als 50.000 € erwirtschaften, sorgen dafür, dass Sie keinen Anspruch mehr auf die Kleinunternehmerregelung haben.

Übrigens befreit Sie die Kleinunternehmerregelung nicht von den Pflichten zur Gestaltung und Sendung einer Rechnung. Die Pflichtbestandteile einer Rechnung nach §14 Absatz 4 UStG gelten für Sie genauso. Ebenso muss ein Kleinunternehmer eine Rechnung innerhalb von sechs Monaten ausstellen, sofern die Leistung an einen anderen Unternehmer erbracht wurde.

Die Kleinunternehmerregelung können Sie direkt bei der Gewerbegründung beantragen. Nehmen Sie davon keinen Gebrauch, sondern möchten die Anwendung der Regelung zu einem späteren Zeitpunkt in Anspruch nehmen, müssen Sie sich ans zuständige Finanzamt wenden. Ein Wechsel in die Kleinunternehmerregelung über das Gewerbeamt ist nicht möglich.

10.3 EINE KLEINUNTERNEHMER-RECHNUNG SCHREIBEN

Wer Kleinunternehmer ist, muss früher oder später auch lernen, eine Rechnung zu schreiben. Dabei gibt es ein paar Dinge zu beachten. So viel vorab: Die Rechnung fällt für Kleinunternehmer verhältnismäßig unkompliziert aus. Sie brauchen sich also keine Sorgen machen, dass dies jedes Mal ein großes, kompliziertes Unterfangen wird. In diesem Abschnitt lernen Sie, wie Sie Ihre Rechnung ausstellen, damit sie rechtskonform ist.

10.3.1 Grundsätzliches zur Rechnung – die Pflichtangaben

Es gibt einige Pflichtangaben, die für alle Rechnungen gelten. Diese sind in § 14 UStG geregelt. Die Pflichtangaben müssen auch auf der Kleinunternehmerrechnung eingehalten werden. Folgende Angaben gehören dazu:

- Vollständiger Name und vollständige Anschrift von Kleinunternehmer und Rechnungsempfänger
- Ihre Steuernummer, ggf. Ihre Umsatzsteuer-Identifikationsnummer
- Rechnungsdatum, auch Ausstellungsdatum genannt
- Eine fortlaufende Rechnungsnummer (die erste Rechnung beginnt also mit „1“)
- Menge der gelieferten Produkte oder Umfang der Leistungen
- Art der Produkte oder Leistungen
- Liefer- oder Leistungsdatum (monatsgenau); stimmen Liefer- und Rechnungsdatum überein, reicht ein Hinweis darauf
- Hinweis auf den Grund der fehlenden Umsatzsteuer-Angaben (für Kleinunternehmer also, dass von der Kleinunternehmerregelung Gebrauch gemacht wird)

Sie müssen auf jeden Fall einen Hinweis auf § 19 UStG geben, beispielsweise mit der folgenden Formulierung:

„Eine Ausweisung der Umsatzsteuer findet aufgrund der Kleinunternehmerregelung gemäß § 19 UStG nicht statt."

Ein anderes Beispiel:

„Gemäß § 19 UStG enthält der Rechnungsbetrag keine Umsatzsteuer."

Wichtig ist, dass Sie den Paragrafen benennen und ihn mit dem Fehlen der Umsatzsteuer in Verbindung bringen. So weiß der Leser der Rechnung sofort, worum es geht, oder er kann es ggf. im entsprechenden Paragrafen nachlesen.

10.3.2 Fehler bei der Kleinunternehmer-Rechnung

Trotz aller Vorsicht kann es vorkommen, dass sich in der einen oder anderen Rechnung Fehler einschleichen. Gerade, wenn sie sich nicht gut mit der Umsatzsteuer auskennen, passiert es Gewerbetreibenden, dass sie Umsatzsteuer ausweisen – obwohl sie von der Kleinunternehmerregelung Gebrauch machen möchten. Ein Umsatzsteuerbetrag darf sich jedoch in keinem Fall aus der Rechnung des Kleinunternehmers ergeben. Als Kleinunternehmer sind Sie schließlich nicht dazu berechtigt, Umsatzsteuer von Geschäftskunden zu verlangen. Wenn Sie diese Umsatzsteuer nun aus Versehen doch ausgewiesen haben und der Kunde sie auch zahlt, müssen Sie die Beträge auf jeden Fall an das Finanzamt abführen. Im schlimmsten Fall handelt es sich bei der Einforderung von Umsatzsteuer durch eine Kleinunternehmerrechnung um Betrug. Dies kann ein Strafverfahren mit sich führen. Die Folge eines strafrechtlichen Verfahrens kann eine Geldstrafe bis hin zu einer Freiheitsstrafe sein. Haben Sie den Fehler bemerkt, sollten Sie die Rechnung rechtzeitig korrigieren und den Kunden kontaktieren.

Auch aus anderen Gründen kann es vorkommen, dass eine Rechnung korrigiert werden muss. Sind bestimmte Angaben fehlerhaft, kann das auch für den Kunden nachteilig sein, beispielsweise, weil er dann keine Vorsteuer geltend machen kann. Das Korrigieren einer Rechnung sollten Sie also zur Sicherheit beherrschen. Grundsätzlich muss eine Rechnung geändert werden, wenn:

- Fehlerhafte (Pflicht-) Angaben vorhanden sind
- Pflichtangaben fehlen

Reine Tippfehler müssen nur dann korrigiert werden, wenn durch sie der Sinn der Rechnung nicht mehr klar zu erkennen ist. Dies ist in den seltensten Fällen der Fall. In der Regel wird der Sinn der Rechnung auch mit Tippfehlern klar und Sie brauchen die Rechnung nicht zu korrigieren. Wenn Sie eine Rechnung verändern wollen, müssen Sie zwischen zwei Rechnungen unterscheiden: Rechnungen, die noch nicht verbucht sind, und Rechnungen, die bereits verbucht sind.

a. Noch nicht verbuchte Rechnungen korrigieren

Rechnungen, die noch nicht verbucht sind, sind leichter zu ersetzen. Sie schreiben einfach eine neue Rechnung, die die alte Rechnung ersetzt. Das bedeutet, Sie schreiben die Rechnung mit der alten Rechnungsnummer. Lassen Sie sich zur Sicherheit die fehlerhafte Rechnung zurückgeben. So stellen Sie sicher, dass die falsche Rechnung nicht beim Kunden bleibt und für Verwirrung in der Zukunft sorgt. Alternativ können Sie ein Berichtigungsdokument schreiben. In einem solchen Dokument korrigieren Sie den Fehler, verweisen auf die Rechnungsnummer sowie auf das Datum der Originalrechnung. Diese Variante sorgt dafür, dass Sie sich keine Sorgen um die Existenz oder den Verbleib der alten, fehlerhaften Rechnung machen müssen.

b. Bereits verbuchte Rechnungen verbessern

Rechnungen, die bereits gebucht sind, müssen Sie stornieren. Dafür wird eine Rechnungskorrektur notwendig. In dieser Korrektur vermerken Sie einen negativen Rechnungsbetrag. Die Rechnungskorrektur macht die alte Rechnung ungültig. Auch für die Rechnungskorrektur gelten die Pflichtangaben aus dem UStG. Insbesondere müssen Sie außerdem darauf achten, dass die ursprüngliche Rechnungsnummer sowie das Datum der Originalrechnung aufgeschrieben werden. So kann die Rechnungskorrektur der ursprünglichen Rechnung zugewiesen werden. Achten Sie also insbesondere auch auf diese Angaben.

Anschließend schreiben Sie eine neue Rechnung mit einer neuen Rechnungsnummer auf. Geben Sie im Betreff die alte Rechnungsnummer an, damit die neue Rechnung der Originalrechnung ebenfalls zweifelsfrei zuzuordnen ist. Die neue Rechnung sieht der alten ansonsten sehr ähnlich – nur mit korrigiertem Betrag. Muster für Rechnungen und Korrekturen finden Sie am Ende des Kapitels. Wurde die Rechnung verbucht, doch der Kunde hat einen Teil der Lieferung behalten und den Rest zurückgeschickt? Dann müssen Sie nicht die gesamte Rechnung stornieren, sondern schreiben nur für den zurückgesendeten Teil der Lieferung eine Rechnungskorrektur. Übrigens: Eine Rechnungskorrektur darf nur durch den Leistungserbringer stattfinden. Eine Korrektur durch den Kunden hingegen ist nicht möglich. Das Finanzamt akzeptiert sie nur, wenn der Leistungserbringer sie selbst angefertigt hat. Auch wenn der Leistungserbringer zustimmt, dass der Kunde die Rechnung korrigieren darf, ist dies nicht zulässig. Das Gleiche gilt für jede andere Änderung.

10.3.3 Das Versenden der Kleinunternehmer-Rechnung

Rechnungen für Kleinunternehmen müssen irgendwie an den Kunden versendet werden – und hier hat der Kleinunternehmer großen Spielraum. Es gibt grundsätzlich keine vorgeschriebene Art, wie Sie die Rechnung versenden. Das bedeutet, Sie können die Rechnung ganz klassisch per Post auf Papierform verschicken oder per Fax oder E-Mail – ganz wie Sie mögen. Allerdings müssen Sie darauf achten, dass die Rechnung als solche für den Kunden erkennbar ist. Eine Rechnung muss ...

- ... die Identität des Rechnungsstellers unzweifelhaft erkennbar machen – eine Rechnung muss also zeigen, dass Sie von Ihnen stammt, und echt sein.
- ... unversehrt sein – das heißt, sie darf nachträglich nicht verändert werden. Sie können auch keine Rechnung durch Korrekturen mit einem Kugelschreiber oder Tipp-Ex vornehmen.
- ... lesbar sein – schließlich muss der Kunde den Rechnungsinhalt erkennen.

Achten Sie auf diese Dinge und Sie werden keine Probleme mit dem Ausstellen von Rechnungen haben.

Tipp: Versenden Sie Rechnungen auch ins EU-Ausland? Dann bedenken Sie, dass Sie auch in dem Fall weiterhin der Kleinunternehmerregelung unterliegen und keine Umsatzsteuer ausweisen dürfen. Dies ändert sich nicht – egal, ob Sie an Privatpersonen oder Unternehmen ausstellen.

10.3.4 Die Aufbewahrung von Rechnungen

Das Finanzamt kann Einsicht in Rechnungen verlangen, wenn Unterlagen überprüft werden müssen. Damit eine solche Überprüfung jederzeit gewährleistet werden kann, müssen Rechnungen aufbewahrt werden. Dafür gibt es Aufbewahrungsfristen, die in § 14b UStG geregelt sind. Kleinunternehmer sind von dieser Regel nicht befreit. Grundsätzlich müssen Sie als Kleinunternehmer Ihre Rechnungen zehn Jahre lang aufbewahren. Das gilt sowohl für Ausgangsrechnungen (Rechnungen, die Sie einem Kunden gestellt haben) als auch für Eingangsrechnungen (Rechnungen, die Sie von einem Lieferanten oder Dienstleister für Leistungen zugesendet bekommen, die Sie genutzt haben).

Tipp: Bewahren Sie von Anfang an alle Unterlagen geordnet auf. Ob Sie sich dafür digitale Ordner anlegen oder alles in Papierform haben möchten, bleibt Ihnen überlassen. Wichtig ist jedoch, dass Sie alles möglichst sofort einordnen und chronologisch sortieren. So behalten Sie den Überblick und haben die Unterlagen sofort parat, wenn Sie sie benötigen. Das erspart Ihnen zu einem späteren Punkt viel Stress.

10.3.5 Formulierungshilfen

Wie formuliert man einen angemessenen Rechnungstext? Diese Frage beschäftigt nicht nur Sie, sondern viele Kleingewerbetreibende. Wie Sie in unseren Mustern sehen werden, ist das Formulieren keine große Kunst. Sie können das Rechnungsschreiben in der Regel sehr einfach und schlicht halten. Für etwas mehr Sicherheit haben wir Ihnen hier einige Formulierungshilfen aufgeschrieben. Welche Einleitung nutzen Sie am besten? Gibt es Unwörter, die vermieden werden sollten? Erfahren Sie es im Folgenden!

a. Die Einleitung

Ein Rechnungsschreiben ist niemals angenehme Post – so viel ist klar. Dennoch können eine freundliche Formulierung und ein seriöses Aussehen der Rechnung einen angenehmeren Touch verleihen. Eine Einleitung ist beispielsweise keine zwingende Vorgabe für einen Rechnungstext – sie kann den Tonfall jedoch deutlich verbessern. Je mehr Sie mit einem Kunden persönlich zu tun haben, desto freundlicher und persönlicher darf der Rechnungstext ausfallen. Wenn Sie ihn kaum persönlich sahen, darf er wiederum sehr neutral sein.

Ein Beispiel: Sie haben intensiv mit einem Kunden zusammengearbeitet – etwa, weil es sich um einen personalisierten Service handelt. Jetzt einfach mit der Tür ins Haus zu fallen, wirkt doch etwas uncharmant. Probieren Sie es lieber mit einem charmanten Einleitungssatz: „Vielen Dank für Ihren Auftrag! Wir haben gerne für Sie gearbeitet." Im Anschluss können Sie die Leistungen in Rechnung stellen. Eine andere Möglichkeit: „Vielen Dank für Ihr Vertrauen in unsere Arbeit!" oder „Vielen Dank für Ihr Vertrauen in die Max Mustermann GbR".

Halten Sie den Einleitungstext ruhig kurz und knackig. Die wenigsten Kunden lesen einen langen Text, sondern sehen direkt auf die Rechnungssumme. Ein einfacher und präziser Satz kann hingegen einen freundlichen ersten Eindruck erwecken.

b. Der Rechnungstext

Der eigentliche Rechnungstext ist der, der auf die Rechnung hinweist. Vielfach liest man Sätze wie: „Für die von uns erbrachten Leistungen und das von uns gelieferte Material erlauben wir uns, folgende Positionen in Rechnung zu stellen" – dies ist eines der Beispieltexte, die viel zu lang wurden. Niemand liest sich das durch. Auch den Rechnungstext sollten Sie daher lieber kurz und knackig formulieren. Besser lautet der Text:

„Für unsere Leistungen und Materialien stellen wir Ihnen folgende Summe in Rechnung". Ein anderes Beispiel: „Hiermit stellen wir Ihnen die folgenden Leistungen in Rechnung".

Denken Sie stets an kurze, aussagekräftige Formulierungen. Vermeiden Sie komplizierte Anfänge wie „gemäß dem von Ihnen an uns erteilten Auftrag ..." – es klingt holprig und wird selten durchgelesen. Kunden schätzen knackige Aussagen in Rechnungen viel mehr. Vermeiden Sie auch unpassende und teils veraltete Formulierungen. Früher las man beispielsweise häufig: „Hiermit erlauben wir uns, gemäß unseres Angebots, Folgendes zu berechnen" – die Formulierung „erlauben wir uns" ist jedoch vollkommen unpassend. Sie wirkt viel zu unterwürfig. Sie haben eine Leistung erbracht. Der Kunde hat die Leistung bestellt – Sie brauchen jetzt keine Erlaubnis, um diese Leistungen in Rechnung zu stellen. Besser formuliert könnte Ihr Rechnungstext so lauten: „Der Auftrag ist nun erledigt und wir berechnen ..."

c. Unwörter vermeiden

Auch in Rechnungstexten gibt es bestimmte Unwörter, die Sie vermeiden sollten. Dies sind in der Regel alle Begriffe, die überflüssig sind. Dazu gehören die folgenden Beispiele:

- „verbleiben"
- „Bezug nehmend"
- „wie beauftragt"
- „anbei"

Wörter wie diese sind überwiegend Lückenfüller und haben keinen weiteren Sinn. „Anbei senden wir Ihnen die Rechnung für die erbrachte Dienstleistung" – dass die Rechnung anbei liegt, sieht der Kunde ja. Schöner klingt: „Für unsere Dienstleistung berechnen wir ..."

„Bezug nehmend", „wie beauftragt" und ähnliche Begriffe sind ebenfalls überflüssig – der Kunde kann sich denken, dass die Rechnung mit den beauftragten Leistungen verbunden ist und sieht dies ja auch in der Positionsübersicht. Auch hier reicht „Für unsere Leistungen berechnen wir ...".

Wörter wie „verbleiben“ sind darüber hinaus nicht nur Lückenfüller – sie klingen auch ungewollt abschließend und final. Dabei möchten Sie sicher lieber, dass der Kunde wieder zu Ihnen zurückkommt, und nicht, dass er einen Abschiedstext erhält.

d. Schlusstext

Ein gelungener Schlusstext rundet die Rechnung ab. Er ist kein Muss, kann aber einen freundlichen Eindruck unterstützen. Außerdem ist er eine gute Gelegenheit, Danke zu sagen oder um eine Weiterempfehlung zu bitten. Auch ist Platz, um viel Freude mit dem Produkt zu wünschen oder darauf hinzuweisen, dass sich der Kunde bei Rückfragen an einen bestimmten Ansprechpartner wenden soll.

Ein paar Beispiele für einen Schlusstext:

„Viel Vergnügen mit dem neuen Produkt!“

„Wir bedanken uns und freuen uns auf die nächste Zusammenarbeit!“

„Wenn Sie mit unserer Zusammenarbeit zufrieden waren, empfehlen Sie uns gerne weiter!“

„Wir bedanken uns für die gute Zusammenarbeit und freuen uns über Ihre Weiterempfehlung.“

„Wenn Sie mit unserer Leistung zufrieden sind, freuen wir uns über Ihre Weiterempfehlung! Falls nicht – kontaktieren Sie uns jederzeit gerne. Wir kümmern uns um Ihr Anliegen.“

Eine Rechnung muss normalerweise nicht handschriftlich unterschrieben werden. Nur wenige Berufsgruppen haben eine Pflicht zum Unterschreiben der Rechnung. Dazu zählen Steuerberater und Rechtsanwälte. Eine Rechnung mit Anrede und Schlussformel wirkt jedoch persönlicher. Gerade, wenn Sie persönlichen Kontakt mit Kunden hatten, ist dies empfehlenswert. Aber die persönliche Anrede und die Schlussformel können auch ohne intensiven Kundenkontakt eine positive Wirkung haben. Sie sind Elemente, die für Kundenbindung und -vertrauen sorgen können. Verzichten Sie auch bei der

Grußformel auf veraltete Floskeln und abschiedsartige Formulierungen. Ein schlechtes Beispiel ist „...verbleiben mit freundlichen Grüßen“.

Auf der sicheren Seite bleiben Sie immer mit formellen Grußformeln: „Mit freundlichen Grüßen“, „Freundliche Grüße“ und Ähnliches.

Etwas persönlicher und netter wird es mit Grußformeln wie „Beste Grüße nach ...“, „Herzliche Grüße“ und „Vielen Dank und beste Grüße“.

Wie gesagt: Bei sehr intensivem Kundenkontakt dürfen Sie etwas persönlicher werden. Das gilt natürlich auch für die Anrede. Mit einer Anrede wie „Sehr geehrte Dame, sehr geehrter Herr“ sind Sie auf der sicheren, wenn auch formellen Seite. Auch „Sehr geehrter Kunde“ ist möglich. Sprechen Sie den Kunden mit Namen an, wirkt dies viel persönlicher. Viele Unternehmen entscheiden sich für den Namen. Mit diesen Formulierungshilfen gelingt es Ihnen sicherlich im Handumdrehen, eine Rechnung zu erstellen. Sie sind noch unsicher? Dann lesen Sie weiter und werfen Sie einen Blick in die Muster.

10.3.6 Musterrechnungen

Damit Sie besser verstehen, wie eine Rechnung auszusehen hat, finden Sie hier eine Musterrechnung. So könnte Ihre Rechnung auch für Ihre Leistungen aussehen.

Tipp vorab: Ob Sie eine freundliche Dankesformulierung, wie hier im Beispiel, angeben möchten, bleibt Ihnen überlassen.

Allerdings verleihen die Worte der Rechnung natürlich einen gewissen Charme. Hier kommen Sie zu einer Mustervorlage, die Sie für sich herunterladen und entsprechend bearbeiten können:

https://bit.ly/3VZiNvR

Nachfolgend die Musterrechnung.

Max Mustermann | *Rechnungsdatum: 02.02.2022*

Musterstraße 20
11111 Musterstadt

Rechnungsnummer: 110
Lieferdatum: 02.02.2022
Ihre Kundennummer: 123

Maria Musterfrau
Musterweg 10
22222 Musterhausen

Rechnungsnummer: 110

Vielen Dank für Ihr Vertrauen in meinen Service. Hiermit stelle ich Ihnen die folgenden Leistungen in Rechnung:

Bezeichnung	***Menge***	***Einzelpreis***	***Gesamtpreis***
1. Gartenerde, 50 Liter Sack	***2***	***12,99 €***	***25,98 €***
2. Kakteen- und Sukkulentenerde, 20 Liter Sack	***1***	***8,99 €***	***8,99 €***
Rechnungsbetrag			***34,97 €***

Es wird gemäß §19 Abs. 1 UStG keine Umsatzsteuer erhoben.

Bitte überweisen Sie den entsprechenden Betrag innerhalb von 14 Tagen auf folgendes Konto:

Max Mustermann, IBAN, BIC, Bank

Mit freundlichen Grüßen

Max Mustermann

Sie sehen schon: So kompliziert, wie Sie vielleicht dachten, sieht die Rechnung gar nicht aus. Hier noch einmal eine kleine Schritt-für-Schritt-Hilfe:

Oben links beginnen Sie mit Ihrer Adresse oder der Unternehmensadresse, sofern Sie eine haben. Direkt darunter kommt die Adresse des Empfängers. Im Beispiel hier ist Max Mustermann Einzelunternehmer, ohne gesonderte Unternehmensadresse. Deshalb steht dort sein Name mit Adresse der Geschäftsräume. Maria Musterfrau ist die Kundin. Auch Ihre Adresse ist vollständig aufgeführt.

Falls Sie ein Logo für Ihr Unternehmen designt haben, können Sie dieses oben rechts einfügen. Ein Logo ist selbstverständlich kein Muss und wird nicht von jedem Kleingewerbetreibenden genutzt.

Oben rechts gehören außerdem Informationen über die Rechnung. Insbesondere sind dort das Rechnungsdatum sowie die Rechnungsnummer anzugeben.

Denken Sie daran, dass die Rechnungsnummern gemäß § 14 UStG einmalig und fortlaufend vergeben werden. Das bedeutet: Es gibt keine zwei Rechnungen mit der gleichen Nummer.

Hier wurde als Rechnungsnummer 110 eingegeben. Obwohl § 14 UStG von fortlaufenden Nummerierungen spricht, ist eine fortlaufende Nummer nicht zwingend. Das Finanzamt hat diesbezüglich im Jahr 2019 bereits Erklärungen herausgegeben.

Wichtig ist vor allem die Einmaligkeit der Rechnungsnummer, damit sie der Lieferung eindeutig zugewiesen werden kann. Eine Rechnungsnummer darf übrigens auch Buchstaben oder Jahreszahlen beinhalten.

Exkurs: Rechnungsnummern

Der Formulierung des Umsatzsteuergesetzes nach sei eine Rechnung eine „fortlaufende Nummer mit einer oder mehreren Zahlenreihen, die zur Identifizierung der Rechnung vom Rechnungssteller einmalig vergeben wird“ (vgl. § 14 UStG). Diese Formulierung sorgte dafür, dass viele Kleingewerbetreibende und Freiberufler Ihre Rechnungen mit der genauen Nummer Ihrer Rechnung versehen – also bekommt die erste Rechnung die Nummer „001“, die zweite „002“ usw. Dadurch würde man aber wohl oder übel offenlegen, wie viele Rechnungen in einem bestimmten Zeitfenster geschrieben werden. Noch eindeutiger wäre das im Zusammenhang mit Jahreszahlen (beispielsweise „2022-001“, „2022-002“ usw.). Da dies einer Art der ungewollten Offenlegung der Betriebsgeheimnisse gleichkommen würde, zwingt das Finanzamt niemanden dazu. Daher ist es mittlerweile vollkommen ausreichend, eine Rechnungsnummer nur ein einziges Mal zu verwenden. Eine Rechnungsnummer darf mithin aus Zahlen und Buchstaben bestehen und muss keinesfalls eine einfache, fortlaufende Nummer sein. Auch Lückenlosigkeit wird nicht verlangt. Die Nummer muss von außen für den Kunden nicht plausibel sein. Sie sollte allerdings für Sie und im Idealfall für das Finanzamt nachvollziehbar sein. In der Klarstellung des Finanzamtes aus dem Jahr 2019 heißt es dazu, dass eine lückenlose Abfolge der Rechnungsnummern nicht zwingend sei. Es bliebe dem Rechnungsaussteller überlassen, wie viele und welche separaten Nummernkreise gewählt werden, um die Rechnungsnummer jeweils einmalig zu vergeben. Auch die einzelnen Nummernkreise müssen nicht lückenlos sein. Kleinbetragsrechnungen (d. h. Rechnungen von bis zu 250 €, inklusive Mehrwertsteuer) müssen ohnehin keine fortlaufende Nummer enthalten. Dies ist in dem Umsatzsteueranwendungserlass von 09/2019 auf Seite 478 zu finden. Neben Buchstaben darf eine Rechnung auch Bindestriche und „Slashs“, Schrägstriche („/“), beinhalten. Außerdem darf Ihre Nummer grundsätzlich auch so lang sein, dass sie mehrere Reihen in Anspruch nimmt.

Eine Rechnungsnummernfolge könnte also so lauten: MM-2022-1-110, MM-2022-1-120, MM-2022-1-130, MM-2022-2-140. In dem Fall hätte Max Mustermann die Buchstaben seines Namens eingebunden, außerdem das Jahr, eine weitere 1 für die erste Jahreshälfte und dann eine Nummer. Die letzte Nummer beinhaltete eine 2 für die zweite Jahreshälfte. Außerdem überspringt Max

Mustermann hier alle Zahlen zwischen den Zehnerschritten. Das bedeutet, er vergibt seinen Rechnungen Nummer in Zehnersprüngen: 10, 20, 30, 40 usw. Im Grunde haben Sie also sehr viel Spielraum bei der Vergabe Ihrer Rechnungsnummer. Für den Kunden ist durch diese Methode nicht mehr nachzuvollziehen, ob Max Mustermann im Jahr 2022 140 Rechnungen ausgestellt hat oder in anderen Zahlensprüngen arbeitet. Außerdem wendet Max Mustermann hier noch einen Trick an: Er beginnt die erste Rechnung mit der Nummer 110 anstatt mit 1. So erkennt der Kunde nicht, dass es die erste Rechnung ist, die er ausstellt.

Sie können natürlich auch einfach einfache Ziffern in der richtigen Reihenfolge verwenden. Ihre Rechnungsnummern könnten dann so lauten: 1, 2, 3, 4, 5 usw. Empfohlen wird dies jedoch nicht, damit niemand nachvollziehen kann, wie viele Rechnungen Sie monatlich ausstellen. Wenn Sie es gerne so einfach wie möglich halten möchten, sollten Sie Ihre Nummerierung zumindest nicht bei 0 bzw. 1 beginnen. Starten Sie doch stattdessen bei 1001 oder, so wie Max Mustermann im Beispiel, mit 110. Gehen Sie in Fünfer- oder Zehnerschritten vor. Auch das ist simpel, macht die Rechnungsanzahl aber weniger offensichtlich (beispielsweise: 105, 110, 115, 120 etc.).

Kommen wir zurück zu der Musterrechnung. Neben der Rechnungsnummer und dem Rechnungsdatum fügen Sie auch das Lieferdatum und die Kundennummer in die rechte obere Ecke des Schreibens ein. Das Lieferdatum ist der Tag der Warenlieferung. Er kann gleichzeitig mit dem Rechnungsdatum fallen, muss dies aber nicht. Kundennummern sind freiwillige Angaben. Nicht jeder Gewerbetreibende vergibt Kundennummern. Dies ist in der Regel bei größeren Unternehmen mit einem großen Kundenstamm wichtig, für Ihren Gewerbestart jedoch meistens nicht. Allerdings kann es bei der Buchhaltung helfen, wenn Sie von vornherein eine Kundennummer vergeben möchten. Auch hier kann es empfehlenswert sein, nicht bei 0 oder 1 zu beginnen, sondern beispielsweise bei 101. Kundennummern unterliegen keinen strengen Regelungen. Sie können sich daher auch irgendeine Kombination aus Buchstaben und Zahlen ausdenken – beispielsweise eine Kombination aus dem Namen des Kunden und einer Nummer, etwa MM-110 für Maria Musterfrau.

Oder Sie kombinieren Name, Geburtstag und Nummer miteinander: Etwa MM-22/10-110 für Maria Musterfrau, die am 22.10. Geburtstag hat. Das bleibt allein Ihnen überlassen.

Sollten Sie Mitarbeiter in Ihrem Gewerbe beschäftigen, können Sie oben rechts unter der Rechnungs- und der Kundennummer auch den Ansprechpartner benennen: „Ihr Ansprechpartner: Max Mustermann". Das ist dann von Vorteil, wenn sich eine ganz bestimmte Person mit den Rechnungen oder mit diesem Kunden befasst. Bei Ihrem Kleingewerbe wird dies sehr wahrscheinlich nicht der Fall sein, deshalb sieht das Muster von dem Ansprechpartner ab.

Im nächsten Schritt schreiben Sie den Betreff der Rechnung. Diesen können Sie beliebig wählen. In den meisten Fällen wird hier die Rechnungsnummer eingetragen. Auch sonstige Vereinbarungen oder Konditionen werden gerne als Betreff genommen. Wichtig ist, dass der Kunde erkennen kann, worum es geht.

Direkt unter die Betreffzeile kommt der sogenannte „Kopftext". Hier können eine kleine Dankesnotiz eingetragen oder sonstige wichtige Informationen mitgeteilt werden. Im Beispiel bedankt sich Max Mustermann einfach für das Vertrauen in seinen Service und benennt nochmals in aller Deutlichkeit, dass es sich um eine Rechnung handelt.

Unter den Kopftext fügen Sie die Produkte oder Dienstleistungen ein, die Sie dem Kunden in Rechnung stellen. Dabei ist es wichtig, dass Sie möglichst genaue Produkt- oder Leistungsbezeichnungen, die Menge der Produkte oder Leistungen, den Einzelpreis und den Gesamtpreis angeben.

Unter den Positionen bleibt nochmals Platz für weitere Hinweise. Hier können Sie beispielsweise eintragen, bis wann die Rechnung bezahlt werden soll. Auch Kontodaten können angegeben werden und natürlich darf der Hinweis auf § 19 Absatz 1 UStG nicht fehlen. Idealerweise fügen Sie diesen direkt nach den Positionen oder sogar noch innerhalb der Positionen ein. Innerhalb der Positionen könnte Ihre Rechnung beispielsweise so aussehen:

Bezeichnung	*Menge*	*Einzelpreis*	*Gesamtpreis*
1. Gartenerde, 50 Liter Sack	*2*	*12,99 €*	*25,98 €*
2. Kakteen- und			
Sukkulentenerde, 20 Liter Sack	*1*	*8,99 €*	*8,99 €*
Gesamtbetrag Positionen:			*34,97 €*
Gemäß § 19 Abs. 1 UStG keine Umsatzsteuer.			---
Rechnungsbetrag			*34,97 €*

Solange der Hinweis innerhalb der Rechnung deutlich sichtbar wird, können Sie sich selbst für die Variante entscheiden, die Ihnen am besten gefällt. Zum Ende des Rechnungsdokumentes geben Sie Ihre vollständigen Unternehmensdaten an (sofern vorhanden) oder Ihren vollständigen Namen. Beenden Sie das Schreiben gerne auch mit einer Grußformel („Mit freundlichen Grüßen“).

Tipp: Nehmen Sie sich Zeit für die Erstellung einer Rechnungsvorlage. Fügen Sie alle relevanten Daten und ggf. das Logo ein und speichern Sie die Vorlage ab. So fällt Ihnen das Erstellen zukünftiger Rechnungen viel leichter. Außerdem machen Sie einen seriösen Eindruck, wenn Sie eine gut gestaltete Rechnung ausstellen.

Hier noch ein weiteres Beispiel für eine Musterrechnung, dieses Mal aus Sicht einer GbR. Sie sehen: Es wurde nicht viel verändert, denn dieses Muster ist für viele Rechtsformen geeignet und absolut ausreichend:

Max Gartenlaube GbR, Musterstraße 20, 11111 Musterstadt *Rechnungsdatum: 02.02.2022*

Rechnungsnr.: MG-06/2022-110

Maria Musterfrau *Lieferdatum: 02.02.2022*

Musterweg 10 *Ihre Kundennr.: 123*

22222 Musterhausen *Ihr Ansprechpartner: Max Mustermann*

Rechnungsnummer: MG-06/2022-110

Vielen Dank für Ihr Vertrauen in die Max Gartenlaube GbR. Hiermit stellen wir Ihnen die folgenden Leistungen in Rechnung:

Bezeichnung	Menge	Einzelpreis	Gesamtpreis
1. Gartenerde, 50 Liter Sack	2	12,99 €	25,98 €
2. Kakteen- und Sukkulentenerde, 20 Liter Sack	1	8,99 €	8,99 €
Rechnungsbetrag			**34,97 €**

Es wird gemäß §19 Abs. 1 UStG keine Umsatzsteuer erhoben.

Bitte überweisen Sie den entsprechenden Betrag innerhalb von 14 Tagen auf folgendes Konto:

Max Mustermann, IBAN, BIC, Bank

Bei Rückfragen stehen wir Ihnen jederzeit gerne zur Verfügung.

Mit freundlichen Grüßen

Max Mustermann

Max Gartenlaube GbR, Musterstraße 20, 11111 Musterstadt

Telefon: 0000-123456

E-Mail: max-gartenlaube@outlook.de

Sie sehen: Die Adresse wurde in diesem Beispiel oben in eine Reihe geschrieben – eine rein optische Vorliebe der Beispiel-GbR. Außerdem wurde die Rechnungsnummer anders vergeben. Sie beinhaltet die Initialen der GbR sowie den Monat und das Jahr der Rechnung: MG (Max Gartenlaube), 06/2022 (Juni 2022) und die Nummer der Rechnung 110. Außerdem hat die GbR unten Kontaktdaten eingefügt, sodass die Kontaktaufnahme für den Kunden vereinfacht wird.

Bevor Sie zum nächsten Kapitel übergehen, erhalten Sie hier noch eine Mustervorlage für Ihre Rechnungskorrektur. Diese unterscheidet sich nur in wenigen Punkten von der Rechnung, die im Folgenden nochmals erläutert werden.

Max Mustermann | *Rechnungsdatum: 02.03.2022*
Musterstraße 20 | *Rechnungsnummer: 110-1*
11111 Musterstadt | *Lieferdatum: 02.03.2022*
Ihre Kundennummer: 123

Maria Musterfrau
Musterweg 10
22222 Musterhausen

Rechnungsnummer: 110-1

Korrektur zur Rechnung 110 vom 02.02.2022

Sehr geehrte Frau Mustermann,

vielen Dank für Ihr Vertrauen in meinen Service. Hiermit stelle ich Ihnen die folgenden Leistungen in Rechnung:

Bezeichnung	***Menge***	***Einzelpreis***	***Gesamtpreis***
1. Gartenerde, 50 Liter Sack	***2***	***10,99 €***	***21,98 €***
2. Kakteen- und Sukkulentenerde, 20 Liter Sack	***1***	***8,99 €***	***8,99 €***
Rechnungsbetrag			***30,97 €***

Es wird gemäß §19 Abs. 1 UStG keine Umsatzsteuer erhoben.

Bitte überweisen Sie den entsprechenden Betrag innerhalb von 14 Tagen auf folgendes Konto:

Max Mustermann, IBAN, BIC, Bank

Mit freundlichen Grüßen

Max Mustermann

In diesem Muster wurden oben rechts die Rechnungsnummer, das Rechnungsdatum und das Lieferdatum angepasst. Außerdem wird im Betreff neben der neuen Rechnungsnummer auch die Korrektur bemerkt. Daneben steht, auf welche Rechnung sich die Korrektur bezieht – inklusive Rechnungsnummer und Rechnungsdatum. So kann die Rechnungskorrektur der ersten Rechnung eindeutig zugewiesen werden. Der Einfachheit halber wurde die Rechnungsnummer nur mit einer 1 versehen: Alte Rechnungsnummer = 110, neue Rechnungsnummer = 110-1.

Davon abgesehen hat dieses Schreiben noch eine Anrede des Kunden erhalten („Sehr geehrte Frau Mustermann") und natürlich hat sich der Rechnungsbetrag geändert. Alles andere ist wie im Beispiel der ersten Rechnungen. Sie sehen also: Eine Rechnungskorrektur zu schreiben, ist gar kein großes Kunststück!

Nun kann mit dem Ausstellen von Rechnungen kaum noch etwas schiefgehen. Sobald Sie die ersten Rechnungen erfolgreich ausgestellt haben, wird es Ihnen kaum noch Mühe machen.

Rechnungshilfen nutzen

Sie möchten sich den Rechnungsaufwand vollständig sparen? Dann können Sie auch eine Rechnungshilfe nutzen. Online-Rechnungsprogramme gibt es heute mittlerweile zuhauf – mit diesen wird das Schreiben von Rechnungen (häufig auch von Angeboten) deutlich leichter und schneller. Zudem sorgen sie dafür, dass keine Pflichtangabe vergessen wird.

11. Schritt für Schritt erfolgreich zum Kleingewerbe

Bis hierher haben Sie eine Vielzahl an Informationen erhalten. Nun haben Sie reichlich Theoriewissen sammeln können – doch bald geht es an die Praxis. In dieser Schritt-für-Schritt-Anleitung erfahren Sie übersichtlich, wie Sie erfolgreich zum Kleingewerbe kommen. Starten Sie der Reihenfolge nach und nehmen Sie sich einen Schritt nach dem anderen vor. Sie werden sehen: Mit ein wenig Geduld sind Sie bald am Ziel! Es sei Ihnen hiermit ans Herz gelegt, sich an die Reihenfolge der Schritte zu halten. Überspringen Sie nichts, das notwendig ist – andernfalls kann das unangenehme Konsequenzen mit sich bringen. Überprüfen Sie am Ende noch einmal, ob Sie allen Schritten nachgegangen sind.

SCHRITT 1: FALLS ERFORDERLICH, HANDWERKSKARTE ODER ANDERE ERLAUBNISSE BESORGEN

Sie möchten einem Handwerk nachgehen? Oder haben Sie vor, ein erlaubnispflichtiges Gewerbe zu betreiben? Dann ist der erste Schritt für Sie, sich eine Handwerkskarte oder eine andere Erlaubnis zu besorgen. Erkundigen Sie sich stets genau, welche Erlaubnis Sie für Ihr Gewerbe benötigen. Die Erlaubnis müssen Sie bei der Anmeldung vorweisen können. Können Sie das nicht, wird Ihnen schon die Anmeldung des Gewerbes versagt. Kümmern Sie sich in jedem Fall rechtzeitig um die Erlaubnis. Die Bearbeitung kann auch hier – abhängig von der Branche – ein wenig Zeit in Anspruch nehmen. Bevor Sie in Zeitnot geraten oder Ihre Pläne verschieben müssen, lohnt es sich, frühzeitig an die Erlaubnis zu denken.

SCHRITT 2: GEWERBEANMELDUNG AUF DEM GEWERBEAMT AUSFÜLLEN (AUSWEIS UND GELD NICHT VERGESSEN)

Haben Sie alle notwendigen Erlaubnispapiere erhalten? Dann geht es zur Gewerbeanmeldung. Sie können diese Anmeldung direkt beim zuständigen Gewerbeamt machen. Denken Sie daran, dass eine Gewerbeanmeldung Gebühren kostet. Sie sollten das Geld idealerweise passend in bar mitbringen. Wie hoch die exakten Kosten sind, können Sie vorher telefonisch beim Gewerbeamt erfragen (häufig in etwa 40 €). Denken Sie vor allem auch an Ihren Ausweis. Sie können Ihr Gewerbe nur mit einem gültigen Ausweis beantragen. Das muss entweder der Personalausweis oder ein gültiger Reisepass sein. Führerschein oder andere Karten werden nicht akzeptiert.

SCHRITT 3: DEN VOM FINANZAMT ZUGESENDETEN FRAGEBOGEN ZUR STEUERLICHEN ERFASSUNG AUSFÜLLEN

Haben Sie die Gewerbeanmeldung durchgeführt, müssen Sie den Fragebogen zur steuerlichen Erfassung des Finanzamtes ausfüllen. Sie erhalten eine Einladung dazu in einem Willkommensschreiben vom Finanzamt. Auf das Schreiben müssen Sie jedoch nicht warten. Das Ausfüllen des Fragebogens zur steuerlichen Erfassung wird mittlerweile – bis auf wenige Ausnahmefälle – nur noch elektronisch angeboten. Auf Papierform können Sie die Angaben nur vornehmen, wenn Sie einen besonderen Härtefall darstellen. Dies könnte beispielsweise der Fall sein, wenn Sie keinen Computer, keinen Internetzugriff und keinen Steuerberater haben (da dann auch kein Steuerberater für Sie die Finanzen übernehmen kann). Andernfalls müssen Sie die Anmeldung on line durchführen. Zur Hilfe haben Sie dafür bereits eine Schritt-für-Schritt-Anleitung erhalten. Blättern Sie gerne jederzeit dahin zurück und schauen Sie nach, was zu tun ist, wenn Sie mal einen Punkt nicht verstehen. Haben Sie alle Angaben vorgenommen und überprüft, dann schicken Sie den Fragebogen über das Portal ELSTER ab. Das Finanzamt bearbeitet die Fragebögen in der Regel innerhalb von wenigen Wochen.

SCHRITT 4: GEGEBENENFALLS BEITRAGSBEFREIUNG BEI DER IHK ODER HWK BEANTRAGEN

Für alle Berufe, die weder der Handwerkskammer noch der Industrie- und Handelskammer angehören, ist dieser Schritt irrelevant. Sie können dies überspringen und sofort zu Schritt 5 weitergehen. Als Nächstes kommt eine Befreiung bei der Handwerkskammer (HWK) oder bei der Industrie- und Handelskammer in Betracht.

Zur Erinnerung: Die Handwerkskammer ist die wichtigste Interessenvertretung des Handwerks. Sie leistet beratende Unterstützung für handwerkliche Gewerbe. Deutschlandweit gibt es etwa 50 Handwerkskammern.

Die Mitgliedschaft in einer der Handwerkskammern ist für handwerkliche Gewerbe verpflichtend. Zulassungspflichtige Handwerksberufe verlangen das Einholen der jeweiligen Erlaubnisbescheinigungen – etwa einen Meisterbrief oder einen anderen Qualifikationsnachweis. Auch zulassungsfreie Handwerke müssen sich in der Handwerkskammer anmelden. Dazu gehören beispielsweise Uhrmacher, Siebdrucker und handwerksähnliche Gewerbe wie der Klavierstimmer. Die Industrie- und Handelskammern sind branchenübergreifende Verbände aus Unternehmen und Wirtschaftsunternehmen. Sie sind regional organisiert und per Gesetz gehören ihnen fast alle Gewerbe und Unternehmen an. Die einzigen Ausnahmen bilden Gewerbe und Unternehmen, die rein im Handwerksbereich oder in der Landwirtschaft tätig sind, sowie die Freiberufler. Insgesamt gibt es 79 Industrie- und Handelskammern, die für unterschiedlich große Regionen zuständig sind.

Für beide Verbände müssen Sie Beitragszahlungen zahlen, wenn Sie Mitglied sind. Allerdings gibt es bestimmte Befreiungsmöglichkeiten. In § 113 der Handwerksordnung sind diese Befreiungen definiert. Diese sollen vor allem für schwierige Unternehmensphasen eine Erleichterung schaffen.

So müssen Selbstständige, die weniger als 5200 € jährlich Gewinn erzielen, keinen Beitrag zahlen. Auch Kleingewerbe zahlen keinerlei Beiträge an die Kammer. Wenn Sie einen Gewinn von weniger als 25.000 € pro Jahr erzielen, gelten ebenfalls Sonderkonditionen. In diesem Fall müssen Mitgliedsbeträge noch nicht im ersten Jahr nach Gründung bezahlt werden. Außerdem wird der Grundbetrag für das zweite und dritte Jahr halbiert. So muss der Grundbetrag im vollen Umfang erst ab dem vierten Jahr entrichtet werden. Neben dem Grundbetrag wird ab dem fünften Jahr auch ein voller Zusatzbetrag verlangt. Der Grundbetrag ist festgesetzt. Der Zusatzbetrag beträgt 0,65 % des Gesamtertrages des Jahres drei Jahre vor dem Berechnungsjahr. Für das Jahr 2022 wird beispielsweise das Jahr 2019 zugrunde gelegt. Dieser Gesamtbetrag wird um eine bestimmte Summe vermindert (in der Regel um 24.500 €). Auf die Art wird der zu zahlende Zusatzbetrag ermittelt. Die Befreiung muss bei der HWK beantragt werden, sobald Sie den Fragebogen zur steuerlichen Erfassung ausgefüllt und abgeschickt haben.

Auch eine Befreiung von den Beitragszahlungen der IHK kann in dieser Zeit erfolgen. Der IHK-Beitrag wird überwiegend durch die Höhe Ihres Gewerbegewinns bestimmt. Auch bei der IHK zahlen Sie einen Grundbetrag und eine Umlage. Der Grundbetrag ist festgelegt, jedoch nach verschiedenen Kriterien gestaffelt. So muss ein Kleinunternehmer, der nicht ins Handelsregister eingetragen ist, beispielsweise weniger Grundbetrag zahlen als eine große Gesellschaft mit mehr 1000 Angestellten. So sollen Kleinunternehmer weniger belastet werden als größere Unternehmen. Die sogenannte Umlage wiederum wird mit 0,19 % des Gewerbeertrages berechnet. Existenzgründer sind vorerst von den Beiträgen der IHK befreit. Natürliche Personen – also Einzelunternehmer – sind in den ersten beiden Jahren sogar vollständig beitragsfrei, sofern sie nicht bereits zuvor ein Unternehmen besaßen. Im dritten und vierten Jahr zahlen Gründer nur den Grundbetrag und noch keine Umlage – allerdings nur, sofern sie weniger als 25.000 € Gewinn im Jahr erzielen. Die ersten vier Jahre sind die Beiträge also auch hier reduziert. Melden Sie sich bei der zuständigen IHK und lassen Sie sich befreien.

SCHRITT 5: UNTERNEHMEN BEI DER BERUFSGENOSSENSCHAFT ANMELDEN

Berufsgenossenschaften sind Verbände, die für die gesundheitlichen Aspekte von Unternehmen zuständig sind. Sie sind unter anderem Träger der gesetzlichen Unfallversicherung. Nahezu alle Unternehmen müssen sich verpflichtend bei der Berufsgenossenschaft anmelden. Die Anmeldung erfolgt unmittelbar nach der Gründung – also in diesem fünften und vorerst letzten Schritt.

Die Aufgaben einer Berufsgenossenschaft

Berufsgenossenschaften haben die Aufgabe, nach Möglichkeit Arbeitsunfälle, Berufskrankheiten und Gesundheitsgefahren am Arbeitsplatz zu vermeiden. Zusätzlich unterstützen sie Unternehmen im Bereich des Arbeitsschutzes und der Fortbildung. So bieten sie Schulungen für Versicherte an. Sollte doch mal ein Arbeitsunfall geschehen, dann ist die Berufsgenossenschaft ebenfalls erster Ansprechpartner. Sie begleitet den Versicherten mit verschiedenen notwendigen Maßnahmen.

Die Leistungen der Berufsgenossenschaft liegen vorwiegend in der Prävention und der Unfallentschädigung. Sie stellen sozusagen einen umfassenden Versicherungsschutz dar. Dazu gehören die folgenden Leistungen:

- Das Überprüfen von Arbeitsmitteln für verbesserte Arbeitssicherheit
- Das Steuern von betrieblicher Sicherheit
- Das Erlassen von Grundsätzen und Vorschriften für Arbeitssicherheit
- Das Schulen von Mitarbeitern
- Das Informieren über betriebliche Sicherheit
- Das Überprüfen von technischen Arbeitsmitteln
- Das Überprüfen von Unfallursachen

Geschieht ein Unfall, kümmert sich die Berufsgenossenschaft um die Rehabilitation des Versicherten. Die Leistungen einer BG umfassen dabei sowohl medizinische als auch soziale und berufliche Maßnahmen. Auch die finanzielle Absicherung der Familie wird gewährleistet. Die Koordination von speziellen Heilbehandlungen gehört in der Regel ebenfalls zum Leistungskatalog einer BG. Im Anschluss sichert die BG auch die Wiedereingliederung in den Beruf und das soziale Leben. Der Versicherungsschutz ist auch auf dem Hin- und Rückweg zur Arbeitsstelle gewährleistet. Die Leistungen umfassen sowohl Sach- als auch Geldleistungen wie Pflegegeld, Sterbegeld, Hinterbliebenen- und Waisenrente, Verletztengeld und Übergangsgeld.

Die Zuordnung zur richtigen Berufsgenossenschaft

In Deutschland sind die Berufsgenossenschaften nach Branchen sortiert. Sie werden Ihr Gewerbe dort anmelden, wo es zur Branche passt. Relevant ist dafür die Hauptbranche Ihres Unternehmens. Diese betrifft den Schwerpunkt Ihrer Tätigkeit. Falls Sie sich nicht sicher sind, überlegen Sie einfach, welche Tätigkeiten überwiegend zu Ihrem Geschäftsalltag gehören. Für Gründer ist immer nur eine Berufsgenossenschaft zuständig – es kann also keine Anmeldung bei mehreren oder bei der falschen Genossenschaft stattfinden. Falls Sie sich vollkommen unsicher sind, welcher Branche Sie überhaupt zugehören oder welche Genossenschaft für Sie in Frage kommt, können Sie bei der Deutschen Gesetzlichen Unfallversicherung (DGUV) nachfragen. Außerdem finden Sie hier eine Übersicht aller Berufsgenossenschaften und ihrer Branchen:

1. Die **Deutsche Gesetzliche Unfallversicherung**: Die DGUV ist sozusagen der Spitzenverband aller Berufsgenossenschaften und Unfallkassen. Sie bietet alle Informationen über gesetzliche Unfallversicherungen an und ist der erste Ansprechpartner bei allen Fragen rund um das Thema Berufsgenossenschaften und Zugehörigkeit. Auch bei Fragen zu Pflichtversicherungen wenden Sie sich an die DGUV.

2. **Berufsgenossenschaft Rohstoffe und chemische Industrie** (BG RCI): Diese Berufsgenossenschaft ist für die Branchen der Chemischen Industrie, für die Papierherstellung, die Lederwarenherstellung, Betonwaren, Kies und Mörtel und Baustoffe im Allgemeinen relevant. Auch die Pharmaindustrie, Kosmetikhersteller und Fahrzeugausstatter gehören in diesen Bereich.

3. **Berufsgenossenschaft Holz und Metall** (BG HM): Diese Berufsgenossenschaften sind für den Kfz-Bereich verantwortlich. Weiterhin gehören die Branchen der Holzgewinnung und Holzverarbeitung sowie die Verarbeitung von Kunst- und Schnitzstoffen dazu.

4. **Berufsgenossenschaft Energie Textil Elektro Medienerzeugnisse** (BG ETEM): Diese Berufsgenossenschaft befasst sich mit allen Branchen rund um Energie, Gas- und Fernwärme, Wasserversorgung, Herstellung von elektronischen Erzeugnissen, Herstellung von ärztlichen Instrumenten und Geräten, Herstellung von Nadeln und Kleinmusikinstrumenten, Herstellung von Bekleidung und Schuhen, Uhrmacher, Goldschmiede, die Branche der Schusswaffe, IT-Experten, die Branche der Fotografen und Grafikdesigner.

5. **Berufsgenossenschaften Nahrungsmittel und Gaststätten** (BGN): Diese Genossenschaft ist für alle Gaststättengewerbe, alle Hotelgewerbe, die Nahrungsmittelbranche, Bäcker, Fleischer und die Getränkeindustrie zuständig. Auch der Zirkus und Jahrmärkte gehören hierzu.

6. **Unfallversicherung Bund und Bahn** (UVB): Hier gehören Beschäftigte und Auszubildende von der Deutschen Bahn AG, der Bundesverwaltung, der Bundesagentur für Arbeit, das Bundeseisenbahnvermögen und die ausländischen Streitkräfte in Deutschland eingeordnet. Außerdem ist dieser Verband für ehrenamtliche und hauptamtliche Arbeiter der Bundesanstalt Technisches Hilfswerk und in einigen Bereichen auch der DRK zuständig.

7. **Berufsgenossenschaft der Bauwirtschaft** (BG BAU): Hier werden Dacharbeiten und der Erdbau eingeordnet. Weiterhin gehören Dekorationsarbeiten, Altsanierung und Gerüstbau sowie Glaserarbeiten dazu. Auch die In stallation, Pflasterarbeiten, Straßenbau, Zimmerarbeiten und Schornsteinreinigung sind hier einzuordnen.

8. **Berufsgenossenschaft Handel und Warendistribution** (BG HW): Hier sind der Groß- und Einzelhandel einzuordnen. Weiterhin ist diese Genossenschaft für Handelsvertreter, den Verleih, Verlage, den Vertrieb, Automatenaufstellungen, Speditionsunternehmen, Lager und die Verteilung von Presseerzeugnissen zuständig.

9. **Verwaltungsberufsgenossenschaft** (VBG): Diese Genossenschaft befasst sich mit Versicherungen, Rechtsanwälten, Steuerberatern, Werbeagenturen, Banken, der IT-Branche, Zeitarbeit und dem Tourismus.

10. **Berufsgenossenschaft für Transport und Verkehrswirtschaft** (BG Verkehr): Hier werden die Personenbeförderung sowie der Gütertransport eingeordnet. Auch die Logistik, Fahrschulen, Abschleppdienste, die Fischerei und Schifffahrt sowie letztlich auch Bestattungsunternehmern sind hier einzuordnen.

11. **Berufsgenossenschaft für Gesundheitsdienst und Wohlfahrtspflege** (BGW): Hier werden Krankenpfleger, Hebammen, Physiotherapeuten, Bademeister, Tierärzte, Logopäden, Friseure und Kosmetiker einsortiert.

12. **Sozialversicherung für Landwirtschaft, Forsten und Gartenbau** (SVLFG): In diese Kategorie gehören alle land- und forstwirtschaftlichen Betriebe, der Gartenbau, die Imkerei, Friedhöfe, die Fischzucht und Baumschulen.

Haben Sie nun eine bessere Vorstellung davon, wo Ihr Gewerbe einzuordnen wäre? Sehr gut! Falls nicht, fragen Sie einfach bei der **DGUV** nach.

Die Anmeldung

Grundsätzlich muss sich jedes neue Gewerbe direkt nach der Gründung bei der Berufsgenossenschaft anmelden. Zeit haben Sie dafür in der Regel eine Woche nach Gründung. Dabei ist es völlig unerheblich, ob Sie Einzelunternehmer sind oder eine Gesellschaft betreiben. Geregelt ist dies in § 19 des Siebten Sozialgesetzbuchs (SGB VII). Für persönlichen Versicherungsschutz können sich Unternehmer freiwillig bei der zuständigen Berufsgenossenschaft versichern lassen. Denken Sie auf jeden Fall an die Anmeldung. Nehmen Sie diese nicht oder nicht rechtzeitig vor, droht Ihnen eine Strafe. Denn das Auslassen der Anmeldung stellt eine Ordnungswidrigkeit dar (vgl. § 209 SGB VII). Es drohen Bußgelder in Höhe von bis zu 25.000 €.

Der Beitritt zur Berufsgenossenschaft ist kostenpflichtig. Die Genossenschaften erheben die Beiträge in der Regel im sogenannten Umlageverfahren der nachträglichen Bedarfsdeckung. Das bedeutet, dass jeweils zum Jahresbeginn die notwendigen Beträge des vorherigen Kalenderjahres erhoben werden. Die Höhe der Beiträge berechnet sich wie folgt:

1. Lohnsummen der Versicherten – auf das Jahr betrachtet (Entgeltsumme)
2. Anzahl der in der Branche vorkommenden Arbeitsunfälle
3. Schwere der in der Branche vorkommenden Arbeitsunfälle

Nummer 2 und 3 betrachten also insbesondere die durchschnittliche Unfallgefahr in Ihrer Hauptbranche. Daraus wird eine sogenannte Gefahrenklasse bestimmt.

Ein einfaches Beispiel: Das Verletzungs- oder Unfallrisiko eines Handwerkers, der mit scharfen Werkzeugen arbeitet, ist im Durchschnitt höher als das eines Büroangestellten. Berufsgenossenschaften haben außerdem die Möglichkeit, abhängig von der Schadensentwicklung Beitragsnachlässe oder auch -aufschläge zu erheben. Dies soll dafür sorgen, dass Unternehmen dazu angeregt werden, die Arbeitssicherheit in ihrem Betrieb zu verbessern. Je besser die Sicherheit im Unternehmen, desto weniger Unfälle wird es geben und desto mehr Nachlässe gewährt die Berufsgenossenschaft.

Teilweise lassen sich auch solche Selbstständigen freiwillig in eine Berufsgenossenschaft aufnehmen, die nicht dazu verpflichtet sind. Für sie berechnet sich der Beitrag nach einer anderen Formel.

Diese lautet wie folgt:

Versicherungssumme x Gefahrenklasse x Umlagefaktor 1000.

Exkurs Unfallkassen: Abgesehen von den Berufsgenossenschaften gibt es noch regionale Unfallkassen, die für bestimmte Berufsgruppen zuständig sind. Dies betrifft insbesondere die Angestellten des öffentlichen Dienstes und deren Tochterunternehmen. Dazu zählen im Einzelnen Beamte, Soldaten, Angestellte und auch alle Schüler und Studierenden. Für neue Gewerbegründer sind diese Unfallkassen jedoch in der Regel weniger relevant.

12. Fragen & Antworten auf einen Blick

In diesem Abschnitt erhalten Sie noch einmal die wichtigsten Fragen und Antworten auf einen Blick zusammengefasst. Kommen Sie gerne immer wieder zu diesem Abschnitt zurück oder blättern Sie zu dem entsprechenden Kapitel, um genauere Daten zu erfahren.

Wo melde ich mein Kleingewerbe an?

Ihr Kleingewerbe wird beim zuständigen Gewerbeamt angemeldet. Das ist das Amt, das für den Unternehmensstandort zuständig ist – also dort, wo sich Ihr Unternehmen befindet.

Wann muss die Anmeldung für das Kleingewerbe stattfinden?

Sie müssen sich spätestens anmelden, sobald Sie mit der Geschäftstätigkeit beginnen. Denken Sie daran, dass der Beginn der Geschäftstätigkeit vor der Eröffnung liegen kann – etwa dann, wenn Sie zukünftige Geschäftsräume anmieten. Idealerweise melden Sie Ihr Gewerbe bereits kurz vor Beginn der Geschäftstätigkeit an.

Wie lange dauert die Kleingewerbeanmeldung?

Das Ausfüllen des Formulars sollte mit unserer Hilfe keine lange Zeit dauern. Anschließend wird das ausgefüllte Formular sofort an das Amt übermittelt. Dies geschieht innerhalb von Sekunden. Die Bearbeitung der Anmeldung dauert im Schnitt zwei bis drei Wochen. Wenn Sie einen Härtefall beantragt haben, werden Sie ein Formular direkt vor Ort ausfüllen können. In dem Fall haben Sie gute Chancen, dass der Antrag vom Amt sofort bearbeitet wird.

Andernfalls wird der Antrag zu den anderen Akten gelegt und innerhalb der nächsten Wochen bearbeitet. Für die Härtefallregelung müssen Sie einen Antrag stellen und in der Regel einen Termin vereinbaren. Planen Sie zur Sicherheit ausreichend Zeit ein, damit die Anmeldung nicht zu spät durchgeführt wird.

Wer haftet für mein Kleingewerbe?

Als Einzelunternehmer haften Sie alleine. Sie haften im Zweifelsfall auch mit Ihrem persönlichen Vermögen. Sind Sie in einer GbR, haften alle Gesellschafter gemeinschaftlich. Sie haften auch in dem Fall mit Ihrem Privatvermögen. Sollten Sie Gläubiger haben, können diese von jedem Gesellschafter die Zahlung der Schuld verlangen – beispielsweise auch von Ihnen, wenn einer Ihrer GbR-Mitglieder etwas zerstört oder bestellt hat. GbR-interne Ausgleichszahlungen müssen im Innenverhältnis besprochen und beglichen werden.

Sind Kleingewerbe und Kleinunternehmer das Gleiche?

Nein, die Begriffe fallen zwar häufig gemeinsam auf eine Person, müssen jedoch voneinander unterschieden werden. Kleinunternehmerschaft ist ein Begriff aus dem Umsatzsteuerrecht. Er bezieht sich nur auf die Umsatzsteuerbefreiung aus dem § 19 UStG. Diese betrifft jedoch nicht alle Kleingewerbe, sondern hängt von der (voraussichtlichen) Umsatzsteuer Ihres Unternehmens ab. Kleingewerbe hingegen ist ein Begriff aus dem Gewerberecht und Handelsrecht und bezieht sich auf das Fehlen der Kaufmannseigenschaft (vgl. § 1 HGB). Dies hängt mehr vom Umfang und von der Übersichtlichkeit des Gewerbes ab. Sie sind nicht zwangsläufig Kleinunternehmer und Kleingewerbetreibender – Sie können Ihr Unternehmen allerdings so aufziehen, dass beides zutrifft. Für weitere Informationen lesen Sie gerne nochmals die entsprechenden Abschnitte über Kleingewerbe und Kleinunternehmer.

Darf ich Mitarbeiter in einem Kleingewerbe beschäftigen?

Ja. Grundsätzlich stehen Mitarbeiter einem Kleingewerbe nicht entgegen. Möchten Sie sicherstellen, dass Ihr Unternehmen nicht zu groß wird, um unter die Kleingewerberegelung zu fallen, müssen Sie das Unternehmen jedoch klein halten. Sie können nur so viele Mitarbeiter beschäftigen, dass Ihr Unternehmen nicht so groß und übersichtlich wird, um eine kaufmännische Organisation zu verlangen. In der Regel sind zwei bis drei Mitarbeiter absolut kein Problem. In einigen Fällen können es sogar mehr sein – viel hängt von Ihrem Einzelfall ab.

Wer muss kein Kleingewerbe anmelden? Kann ich selbstständig sein ohne Gewerbeanmeldung?

Selbstständigkeit funktioniert entweder durch Gewerbebetrieb oder durch sogenannte Freiberufe sowie durch Betriebe, die der Urproduktion nachgehen. Zur Urproduktion gehören land- und forstwirtschaftliche Betriebe. Die freien Berufe sind ohne Gewerbeanmeldung möglich, jedoch ist gesetzlich geregelt, was darunterfällt, allerdings ohne abschließende Regelung. Das bedeutet, es kann immer wieder zu Grenzfällen kommen. Mehr dazu lesen Sie in dem entsprechenden Kapitel.

Welche Steuern zahle ich für mein Kleingewerbe?

Grundsätzlich müssen Sie für die Einnahmen aus dem Kleingewerbe Einkommensteuer zahlen. Auch Gewerbesteuer und Umsatzsteuer fallen an. Es gibt allerdings Verdienstgrenzen, unter denen bestimmte Steuern nicht zu zahlen sind – insbesondere gilt das für die Umsatzsteuer. Wer unter die Umsatzsteuergrenzen fällt, ist Kleinunternehmer. Mehr dazu lesen Sie im Abschnitt zum Kleinunternehmer.

Wie und wann bekomme ich eine Steuernummer für mein Kleingewerbe?

Sie erhalten Ihre Steuernummer durch das Finanzamt. Dies geschieht automatisch nach der Gewerbeanmeldung. Freiberufler, die keine Gewerbeanmeldung durchführen, müssen sich selbstständig beim Finanzamt melden.

Wie melde ich mein Kleingewerbe wieder ab?

Wenn Sie die Gewerbetätigkeit nicht mehr fortführen möchten, müssen Sie das Gewerbe beim zuständigen Gewerbeamt wieder abmelden. Das zuständige Gewerbeamt ist immer noch das Amt, das für das Gebiet zuständig ist, in dem Sie das Gewerbe betreiben. In vielen Fällen ist dies das Gewerbeamt, das in Ihrem Umkreis am nächsten liegt.

13. Die 15 häufigsten Fehler

Damit Ihnen der Start rundum gut gelingt, finden Sie hier die häufigsten Fehlerquellen zusammengefasst – inklusive Tipps, wie Sie diese Fehler vermeiden können. Lesen Sie sich die nachfolgenden Tipps genau durch, um künftig bestens vorbereitet zu sein. So viel noch vorab: Natürlich macht jeder zu Beginn der neuen Tätigkeit Fehler. Fehler gehören zum Lernprozess dazu und sind absolut kein Grund, sich zu grämen oder gar aufzugeben. Ein paar Anfängerfehler bedeuten nicht, dass Sie nicht das Zeug zum Selbstständigen haben. Die Hauptsache ist, dass Sie die Fehleinschätzungen stets als Teil des Lernprozesses betrachten. Dennoch können Sie die Fehler mit diesen Hinweisen hoffentlich minimieren!

1. Fehler: Unrealistische Geschäftsidee

Eine gute Idee ist der Beginn Ihres Kleingewerbes – aber diese Idee sollten Sie sorgsam prüfen. Nicht jede Geschäftsidee, die auf den ersten Blick sinnvoll erscheint, zeichnet sich auch langfristig als erfolgversprechend aus. Überprüfen Sie daher zunächst den Markt und die Konkurrenz, bevor Sie sich auf eine Idee stürzen. Vergleichen Sie Angebote, Preise, Vorstellungen und Regeln. Sammeln Sie alle Informationen zur Branche und zu Ihren Möglichkeiten. Was bieten Konkurrenzunternehmen an? Wie unterscheiden Sie sich von diesen? Was macht Sie einzigartig mit Ihrer Idee? Welche Preise müssten Sie nehmen und haben Sie einen großen potenziellen Kundenkreis, der diese Preise zahlen würde? Fragen Sie gerne auch Freunde und Verwandte, von denen Sie eine ehrliche Meinung erwarten dürfen.

2. Fehler: Unrealistische Vorbereitungen und Bedingungen

Weiter geht es mit Ihren Vorstellungen und den Bedingungen, unter denen Sie Ihr Kleingewerbe gründen möchten. Viele Erstgründer unterschätzen den Mehraufwand, der durch Buchführung und Kundenakquise zustande kommen kann. Andere wiederum überschätzen den Aufwand, der wirklich aufgewendet werden muss, und verbringen kaum noch Zeit mit Pausen, mit der Familie oder Freunden und Hobbys. Ein guter Businessplan kann dem Abhilfe schaffen. Sie benötigen ohnehin einen Plan, wenn Sie Kreditanträge bei Banken abgeben möchten. Aus diesem sollte sich Ihr Vorhaben genau erklären und ergeben, warum Sie sich damit Erfolg versprechen.

Ein weiterer Tipp: Wenn Sie Kalkulationen für Ihre Gründung fertigen, dann sollten Sie insbesondere einen Blick auf Fremd- und Fördermittel werfen. Benötigen Sie diese? Dann rechnen Sie bei Ihren ersten Kalkulationen nur mit minimalen Fördermitteln. Alles, was noch keine gesicherte Einnahmequelle ist, sollte nur minimal einbezogen werden. Bekommen Sie mehr als erwartet – sehr schön! Sie müssen weniger von Ihren Rücklagen aufbrauchen. Bekommen Sie weniger als geplant, kann das hingegen zu einer unangenehmen Überraschung führen.

3. Fehler: Fehlende Überprüfung der Rechtslage

Stellen Sie vor Gründung sicher, dass Sie in keine Rechte eingreifen. Das bedeutet: Stellen Sie insbesondere sicher, dass Sie keine Markenrechte verletzen, keine Produkte oder Namen Patentrechte brechen und dass gewünschte Domainnamen für Websites oder Online-Shops noch verfügbar sind. So können Sie sich gegen eventuelle Vorwürfe absichern. Möglicherweise könnte es sich sogar lohnen, Ihre eigene Idee oder Ihren Namen patentieren zu lassen.

4. Fehler: Unrealistischen Stundensatz berechnen

Sobald Sie mit Ihrem Gewerbe starten, müssen Sie Preise bzw. Ihren eigenen Stundensatz kalkulieren. Viele Kleingewerbetreibende machen hier den Fehler, die Preise viel zu niedrig anzusetzen. Einerseits werden viele Kosten nicht bedacht, andererseits denken sich viele Kleingewerbetreibende, dass Sie ja ohnehin noch Einnahmen durch einen Hauptjob haben. Allerdings kann irgendwann der Zeitpunkt kommen, an dem Sie vom Kleingewerbe zum Hauptgewerbe wechseln wollen. Wenn Sie jetzt große Sprünge in den Preisen machen müssen, um den Lebensunterhalt zu sichern, kann das vielen Kunden unangenehm aufstoßen. Außerdem bringt dies sehr viel Unsicherheit mit sich: Denn wer verspricht Ihnen, dass Sie den gleichen Erfolg mit höheren Stundensätzen erhalten werden? Denken Sie außerdem daran, wie viele Ausgaben und welchen Zeitaufwand Sie bei der Kalkulation bedenken müssen:

- Sie haben Sozialabgaben, Krankenkassenbeiträge, Gewerbesteuer und ggf. Berufsgenossenschaftsbeiträge zu zahlen

- Sie wenden Zeit für die Kundenakquise auf, für die Buchhaltung und für den Erhalt und die Gestaltung einer Website – alles Stunden, die an sich keine Einnahmen erwirtschaften

- Sie erhalten keine automatischen Urlaubstage, sondern müssen sich diese Zeiten nehmen können – also Tage, an denen Sie nicht arbeiten müssen, finanzieren können

Als grobe Orientierung sagt man meistens, dass Selbstständigen nur die Hälfte des in Rechnung gestellten Stundensatzes bleibt. Denken Sie also gut darüber nach, wie viel Sie für Ihre Arbeit berechnen müssen.

5. Fehler: Zu viele Aufträge auf einmal

Gerade Kleingewerbetreibende stürzen sich in einer anfänglichen Euphorie über das funktionierende Geschäft in eine Masse von Aufträgen. Natürlich ist es schön, wenn sich viele Menschen an Sie wenden – doch Sie müssen lernen, Nein zu sagen. Denn Sie schaden nur sich selbst, wenn Sie dauerhaft Unmengen an Aufträgen annehmen. Erstens lässt die Qualität Ihrer Arbeit zunehmend nach, wenn Sie mit den Aufträgen überfordert sind. Das schadet Ihrem guten Ruf und die Aufträge werden schnell wieder weniger. Außerdem laufen Sie Gefahr, die Grenzen der Krankenversicherung und der Umsatzsteuer früher zu überschreiten als eigentlich geplant. Lernen Sie also, rechtzeitig realistisch einzuschätzen, wie viele Aufträge Sie annehmen wollen. Setzen Sie sich zu Beginn ruhig eine feste Grenze. Diese müssen Sie den Kunden nicht mitteilen. Sie dient Ihnen jedoch als Orientierung. Sie können dann Kunden absagen oder sie beispielsweise auf den nächsten Monat vertrösten. Mit der Zeit lernen Sie, einzuschätzen, wie viel Zeit und Aufwand Sie aufbringen können.

6. Fehler: Unprofessionelle Kundenbetreuung

Natürlich müssen Sie als neuer Selbstständiger erst lernen, wie Sie Kunden professionell betreuen. Doch Sie sollten sich von Anfang an Mühe geben, authentisch zu bleiben. Pflegen Sie einen freundlichen und höflichen Umgang. Verwenden Sie professionelle Vorlagen und Formulierungen. Trauen Sie sich aber auch, Ihre Grenzen klarzumachen: Das gehört ebenfalls zu einer realistischen Kundenbetreuung.

7. Fehler: Kleinunternehmerregelung ohne Nutzen annehmen / 5-Jahres-Frist nicht bedenken

Wie bereits erwähnt, kann die Kleinunternehmerregelung zahlreiche Vorteile haben. Diese sollten Sie jedoch immer auf Ihre individuelle Situation übertragen und genau überprüfen, ob es sich lohnt. Schließlich kann es im Einzelfall auch vorkommen, dass sich die Regelbesteuerung mehr auszahlt – die Kleinunternehmerregelung aus Prinzip anzunehmen, ist daher ein Fehler, der zu vermeiden ist. Umgekehrt ist es auch nicht sinnvoll, unbedacht in die Regelbesteuerung zu gehen. Ein häufiger Fehler von Kleingewerbetreibenden ist, die 5-Jahres-Frist nicht zu bedenken. Sie gehen dann in die Regelbesteuerung, in der Annahme, sie könnten jederzeit zurück zur Kleinunternehmerregelung wechseln. Behalten Sie diese Frist stets im Hinterkopf.

8. Fehler: Keinen Hinweis auf die Umsatzsteuer geben

Der Hinweis darauf, dass und aus welchem Grund auf die Umsatzsteuer verzichtet wird, muss auf jeder Rechnung vorhanden sein. Zu dem Hinweis sind Sie als Kleinunternehmer verpflichtet. Wenn Sie eine Mustervorlage für Ihre Rechnungen erstellen, vermeiden Sie, dass Sie den Hinweis irgendwann vergessen. Nehmen Sie sich deshalb unbedingt Zeit für die Vorlage und greifen Sie bei jeder Rechnung auf sie zurück.

9. Fehler: Umsatz falsch einschätzen

Auch das falsche Einschätzen des Umsatzes kommt immer wieder vor. Gerade junge Gewerbetreibende, die das erste Mal selbstständig sind, schätzen ihren Umsatz häufig zu niedrig oder zu hoch ein. Schätzen Sie Ihren Umsatz zu niedrig ein, können Sie rückwirkend umsatzsteuerpflichtig werden. Dann erwarten Sie hohe Nachzahlungen. Andersherum kann eine zu hohe Schätzung dazu führen, dass Sie von vornherein zu hohe Steuern zahlen. Nehmen Sie sich daher immer Zeit für eine realistische Einschätzung. Sie sollten beispielsweise andere Unternehmen vergleichen, Ihren Kundenstamm überprüfen, realistische Preise entwickeln und Kosten schätzen. Und wenn Sie dennoch zu hoch schätzen? Sofern Sie glaubwürdig nachweisen können, dass Sie zu Beginn des Gewerbebetriebs nicht mit dem Umsatz gerechnet haben, können Sie einer nachträglichen Besteuerung häufig entgehen.

10. Fehler: Wechsel zur Regelbesteuerung zu spät wahrnehmen

Der richtige Zeitpunkt zum Wechsel in die Regelbesteuerung sollte gut abgepasst werden. Sie bekommen vom Finanzamt keine Mitteilung, dass Sie mit Ihrem Umsatz im nächsten Jahr nicht mehr die Kleinunternehmerregelung nutzen können. Daran müssen Sie selbst denken. Führen Sie stets gut Buch über alle Umsätze, behalten Sie dies im Blick.

11. Fehler: Keine Hilfe bei der Buchführung und anderen Sorgen

Viele Kleingewerbetreibende denken sich, dass sie alles im Alleingang klären müssen, um kein Versager zu sein – doch genau das sorgt nicht selten dafür, dass es Schwierigkeiten mit dem Betrieb gibt. Insbesondere die Buchhaltung kann ein kompliziertes Thema für sich sein. Sie haben deshalb in diesem Buch bereits viele Hilfestellungen für diesen Bereich erhalten. Falls Sie sich trotzdem unsicher damit fühlen oder Ihnen schlichtweg die Zeit fehlt, sich ordentlich um die Buchhaltung zu kümmern, sollten Sie sich nicht scheuen, Hilfe zu holen. Professionelle Hilfe verschafft Ihnen mehr Zeit für andere Dinge und kann Fehlern vorbeugen. Da Fehler zu Problemen mit dem Finanzamt führen können, lohnt sich dies. Ein Steuerberater ist der richtige Ansprechpartner für diese Unterstützung. Auch in anderen Bereichen können Sie sich jederzeit Hilfe holen, wenn Sie irgendwo Fragen oder Schwierigkeiten haben: Dazu zählen Verbände, Kammern und auch Unternehmensberater. Mit einem Unternehmensberater können Sie sogar von vornherein einen Gründerfahrplan erarbeiten.

12. Fehler: Keine Rücklagen und Versicherungen

Rücklagen und Versicherungen sichern Sie gegen alle Eventualitäten ab. Wer sich selbstständig macht, kann nur schwer vorhersagen, wie viele Einnahmen entstehen werden und welche unerwarteten Kosten auftreten. Daher sollten Sie stets ausreichend finanzielle Rücklagen haben. Denken Sie daran, dass Sie Ihre Preise so kalkulieren müssen, dass Sie dadurch langfristig weitere Rücklagen aufbauen können. Auch Versicherungen können mehr Sicherheit geben. Insbesondere wenn Sie Angestellte haben, sind Versicherungen wichtig. Eine Berufshaftpflichtversicherung ist immer eine gute Absicherung für eventuelle Schadensfälle.

13. Fehler: Keine Auszeiten und Pausen

Gerade zu Beginn des Gewerbes arbeiten viele Unternehmen durchgehend. Sie möchten alles aufbauen, bis ins kleinste Detail klären, keinen möglichen Auftrag versäumen – dabei sind Pausenzeiten ebenso wichtig wie Fleiß und Produktivität. Nur mit ausreichenden Auszeiten können Sie genug Energie für den weiteren Betriebsverlauf tanken. Gönnen Sie sich also immer wieder Ruhepausen, in denen Sie Abstand von der Arbeit nehmen.

Tipp: Wichtig sind echte Pausen, in denen Sie etwas machen, was Ihnen Erholung bringt. Das kann ein Spaziergang, ein freies Wochenende mit der Familie, eine Tasse Tee, Sport oder ein Kurzurlaub sein – was nicht zählt, ist, eine Pause vom Gewerbe einzulegen, um für den Hauptjob zu arbeiten, Papierkram zu erledigen, Einkäufe zu tätigen oder ähnlichen Verpflichtungen nachzugehen. Schließlich erholen Sie sich in dieser Zeit nicht. Langfristige Planungen und ein gut organisierter Terminkalender helfen dabei, alles im Blick zu behalten und Pausenzeiten zu gewährleisten.

14. Fehler: Fehlende „Strenge"

Viele Kleingewerbetreibende machen zu Beginn den Fehler, dass Sie dem Kunden gegenüber „zu nett" sein wollen. Sie möchten Konflikte vermeiden, Kunden nicht vergraulen oder ein gutes Image aufbauen – und lassen dann zu viele Dinge durchgehen. Verspätete Zahlungen, unnötige Beschwerden und Nachbesserungswünsche, die über das Vereinbarte hinausgehen, müssen Sie Ihren Kunden nicht durchgehen lassen. Denken Sie daran, dass sich mit jeder verspäteten Überweisung das Ausfallrisiko für Sie selbst erhöht. Sie gehen in dieser Zeit in Vorleistung. Außerdem schließen Sie mit Kunden einen Vertrag ab – an diesen müssen sich die Kunden genauso halten wie Sie selbst. Lassen Sie Ihnen keine Extra-Wünsche durchgehen. Natürlich ist es ratsam, zu Beginn eine kooperative Lösung anzustreben und nicht sofort mit rechtlichen Konsequenzen zu kommen. Sie müssen aber darauf achten, dass Sie sich selbst damit nicht in eine brenzlige Lage bringen. So können Sie beispielsweise im Falle einer verspäteten Rechnung eine Zahlungserinnerung herausschicken oder in einem Gespräch Ratenzahlung anbieten. Wenn dies nicht funktioniert, sollten Sie jedoch eine Mahnung schicken – inklusive Gebühren, wenn anfällig.

15 Mehrere Unternehmen als Kleinunternehmer führen

Gesetzlich bezieht sich die Kleinunternehmerregelung auf eine Person. Das bedeutet, die Umsatzsteuergrenze ist stets an Sie als Person gebunden – nicht an Ihr Unternehmen. Sie können also nicht mehrere Unternehmen als Kleinunternehmer führen. Wenige Ausnahmen sind unter Umständen gegeben, wenn Sie trotz mehrerer Unternehmen keine kaufmännische Organisation benötigen und insgesamt die Umsatzgrenze nicht überschreiten. In der Regel wird dies nicht der Fall sein – deshalb sollten Sie bei einem Unternehmen bleiben, solange Sie Kleinunternehmer sein wollen.

14. Ausblick: Vom Kleingewerbe zum Hauptgewerbe

Nachdem Sie eine Zeit lang erfolgreich in Ihrem Kleingewerbe gearbeitet haben, kommt wahrscheinlich irgendwann der Zeitpunkt, zu dem Sie sich überlegen, ob es bei der Nebentätigkeit bleiben soll. Empfinden Sie Erfüllung in Ihrem Gewerbe? Möchten Sie Ihr Gewerbe ausbauen? Scheint es sich – zumindest derzeit – finanziell zu lohnen? Dann spricht im Grunde nichts dagegen, den Schritt ins Hauptgewerbe zu wagen. Doch wie stellen Sie das am besten an? Hier ein paar hilfreiche Tipps für den Weg vom Kleingewerbe zum Hauptgewerbe!

14.1 DIE ERSTEN ÜBERLEGUNGEN

Bevor es zu dem Wechsel kommt, sollten Sie sich gut überlegen, ob der Schritt für Sie wirklich der richtige ist. Dazu stellen Sie sich am besten die folgenden Fragen:

☐ Kann ich voraussichtlich mit dem Gewerbe alleine meinen Lebensunterhalt finanzieren?

☐ Habe ich einen zuverlässigen Kundenstamm und regelmäßige Aufträge?

☐ Bin ich bereit dazu, in der Anfangsphase des Hauptgewerbes abermals über die Normalzeiten hinaus zu arbeiten?

☐ Bin ich dazu bereit, in der Übergangsphase weitgehend auf Urlaub zu verzichten?

☐ Lässt meine familiäre Situation den Schritt ins Hauptgewerbe zu (unterstützt mich mein Partner / meine Partnerin)?

☐ Kenne ich mich ausreichend mit den kaufmännischen Voraussetzungen aus (insbesondere mit der Buchhaltung)?

☐ Bin ich dazu bereit, das Risiko einzugehen und alles auf eine Karte – das Gewerbe – zu setzen?

☐ Sind ausreichend finanzielle Rücklagen gebildet worden, um die möglicherweise schwierige Übergangsphase abzudecken?

☐ Kann ich es mir leisten, das Unternehmen beispielsweise durch Mitarbeiter oder Filialen zu erweitern, wenn es zur Sicherung des Lebensunterhaltes notwendig ist?

☐ Habe ich den Wunsch, von nun an ganz in der Selbstständigkeit zu stehen – mit allen Vor- und Nachteilen?

Beantworten Sie diese Fragen überwiegend mit Ja, dann sind Sie schon einmal an einem guten Standpunkt angekommen, um Ihren Lebensunterhalt im Hauptgewerbe zu sichern. Der Schritt zum Hauptgewerbe ist sicherlich immer mit ein wenig Respekt verbunden – aber denken Sie daran, wie viel Sie bereits geleistet haben! Der Schritt zum Kleingewerbe war auch kein kleiner und Sie haben ihn mutig und erfolgreich auf sich genommen. Wenn die Voraussetzungen für das Hauptgewerbe wirklich gegeben sind, sollten Sie sich ruhig trauen.

14.2 VOM KLEINUNTERNEHMER ZUM KAUFMANN

Mit dem Schritt ins Hauptgewerbe werden Sie möglicherweise auch den Schritt zum Kaufmann machen. Schließlich kann es gut sein, dass Sie mit der Vergrößerung des Betriebes auch die Umsatzsteuergrenze überschreiten. Dann müssen Sie automatisch in die Kaufmannseigenschaft wechseln. Die Regelbesteuerung fällt dann ab dem darauffolgenden Jahr an.

Beispiel: Wenn Sie im Jahr 2022 über die Umsatzgrenze kommen, werden Sie ab dem Jahr 2023 regelbesteuert.

Der Wechsel geschieht verpflichtend, wenn Sie die Grenze überschreiten – aber auch ein früherer freiwilliger Wechsel ist zu jedem Jahresbeginn möglich. In dem Fall sollten Sie sich den Wechsel jedoch gut überlegen. Denken Sie daran: Entscheiden Sie sich freiwillig dazu, von der Kleinunternehmerregelung keinen Gebrauch zu machen, dann sind Sie fünf Jahre lang an die Regelbesteuerung gebunden. Einen früheren Wechsel zurück in die Kleinunternehmerregelung gibt es nicht. Überlegen Sie also genau: Wie wahrscheinlich ist es, dass Sie die Umsatzsteuergrenze überschreiten? Wenn Sie bereits vor dem Wechsel ins Hauptgewerbe nah an die Grenze herankommen, ist es nur allzu wahrscheinlich, dass die Überschreitung mit dem Schritt ins Hauptgewerbe auf jeden Fall geschieht. Sind Sie derzeit noch ein gutes Stück von der Grenze entfernt und gar nicht sicher, ob sie überschritten wird, lohnt es sich häufig, so lange im Kleingewerbe zu verbleiben, wie Sie unter die Grenze fallen.

Von der Umsatzgrenze abgesehen kann sich der Schritt zum Kaufmann auch aus anderen Gründen lohnen. Mögliche Gründe sind folgende:

✓ **Das Anstehen größerer Investitionen**: Müssen Sie (regelmäßig) größere Investitionen zahlen, kann sich der Wechsel aufgrund der fälligen Umsatzsteuer lohnen.

✓ **Die Erhöhung der umsatzsteuerpflichtigen Ausgaben**: Erhöhen sich die Ausgaben, die umsatzsteuerpflichtig sind, wird es ein Vorteil sein, Umsatzsteuer geltend zu machen.

✓ **Wechselnder Kundenkreis**: Wechselt Ihr Kundenkreis zu immer mehr vorsteuerabzugsberechtigten Kunden (insbesondere andere Unternehmer)? Dann lohnt sich der Wechsel möglicherweise, um diese Kunden zu halten bzw. weiter anzuziehen. So können Sie auf dem Markt besser mithalten.

✓ **Mehr Einkäufe im EU-Ausland**: Wird verstärkt im EU-Ausland eingekauft oder werden dort verstärkt Dienstleistungen bezogen, kann sich der freiwillige Wechsel ebenfalls lohnen. Denn in dem Fall kann der Lieferant aus dem EU-Ausland Rechnungen ohne Umsatzsteuer ausstellen.

Die Entscheidung hängt wie immer von Ihrem persönlichen Einzelfall ab. Es empfiehlt sich, den Schritt genau zu durchdenken und gegebenenfalls ein paar Rechnungen durchzuführen. Denken Sie daran, dass Sie vom Kleinunternehmer viel einfacher zum Kaufmann wechseln können als umgekehrt. Wenn Sie einen Steuerberater haben, sollten Sie den Wechsel auch mit ihm besprechen. Er kann Ihnen wertvolle Tipps in Bezug auf Ihre individuelle Lage geben.

Tipp: Nach Möglichkeit sollten Sie immer versuchen, den Wechsel zum Jahreswechsel zu unternehmen. Falls Sie aus einem bestimmten Grund früher wechseln müssen, müssen Sie alle bis zu diesem Zeitpunkt stattgefundenen Rechnungen korrigieren – die anteilige Umsatzsteuer muss dann berechnet werden. Auch hierbei lohnt sich die Beratung durch einen Steuerberater.

Noch ein Tipp: Um den Wechseltermin herum werden Sie sich sicherlich fragen, welche Rechnungen noch ohne Umsatzsteuer und welche schon mit ausgestellt werden. Entscheidend dafür ist immer der Liefertermin der zugehörigen Ware oder Dienstleistung, also der Tag, an dem die Dienstleistung vorgenommen oder die Ware geliefert wurde. Hingegen sind der Termin der Rechnungsausstellung oder der eigentlichen Zahlung dafür nicht relevant.

Ein Beispiel dazu: Sie wechseln in die Regelbesteuerung zum Jahreswechsel 2022/23. Noch am 28.12.2022 liefern Sie Waren an einen Kunden. Die Rechnungsausstellung erfolgt erst am 02.01.2023., die Zahlung erfolgt daraufhin am 07.01.2023. Relevant ist nun nur der erste Termin: Die Auslieferung der Ware am 28.12.2022, drei Tage vor dem Jahreswechsel. Sie nutzen in dem Fall noch die Kleinunternehmerregelung und weisen keine Umsatzsteuer aus. Erst die Waren, die ab dem 01.01.2023 geliefert, oder die Dienstleistungen, die dann erbracht werden, werden mit Umsatzsteuer berechnet.

Was geschieht, wenn Sie Lieferungen oder Dienstleistungen von verschiedenen Zeitpunkten in Rechnung stellen? Dann sollten Sie einfach zwei Rechnungen an den Kunden schicken.

Ein Beispiel: Sie liefern Möbel und andere Einrichtungsgegenstände am 28.12.2022. Zu Ihrem Service gehört auch der Auf- und Einbau dieser Einrichtungsgegenstände. Dies erfolgt am 02.02.2023. Die einfachste Lösung ist nun, eine gesonderte Rechnung für die Möbellieferung – ohne Umsatzsteuer – und eine andere für den Auf- und Einbau – mit Umsatzsteuer – zu schicken.

Übrigens gilt der Leistungstermin auch als relevanter Zeitpunkt, wenn keine Rechnungen ausgestellt werden. Ergibt sich die Zahlung beispielsweise aus einem Vertrag mit Gutschrift, ist ebenfalls der Termin der Warenlieferung bzw. Erbringung der Dienstleistung der entscheidende.

Wenn Sie zur Regelbesteuerung wechseln, sollten Sie das Finanzamt kurz vor dem Wechsel informieren. Das kann durch einen informellen Brief geschehen. Durch die frühzeitige Information ersparen Sie sich in der Regel Nachfragen durch das Finanzamt. Möchten Sie Waren ins EU-Ausland liefern oder Dienstleistungen im EU-Ausland erbringen, müssen Sie außerdem rechtzeitig eine Umsatzsteuer-Identifikationsnummer beantragen. Das Gleiche gilt, wenn Sie Waren oder Dienstleistungen aus dem EU-Ausland erhalten möchten. Die Umsatzsteuer-Identifikationsnummer (USt-IdNr.) wird auf Rechnungen anstatt der einfachen Steuernummer verwendet. Sie gehört außerdem sichtbar ins Impressum Ihrer Website. Weiterhin empfiehlt es sich, den wichtigsten Kunden Bescheid zu geben. Andernfalls werden Sie durch die neuen Rechnungen mit Umsatzsteuer oder Mehrwertsteuer sicherlich überrascht. Die rechtzeitige Information über diese Veränderung kann vermeiden, dass die Kunden den Wechsel als negative Überraschung wahrnehmen.

Bieten Sie Leistungen nicht gegen Rechnung oder gegen Gutschein an? Dann müssen Sie die Zahler ebenfalls rechtzeitig über den Wechsel in die Regelbesteuerung informieren. Die Gutschriften erfolgen dann zuzüglich Umsatz- bzw. Mehrwertsteuer (mit dieser Steuer ausgewiesen). Alles, was Sie rechtzeitig klären, erspart Ihnen Korrekturen im Nachhinein. Es lohnt sich immer, vorauszuplanen und vorausschauend zu handeln. Am besten dokumentieren Sie sich alle Besonderheiten, die in der Übergangsphase durchgeführt wurden, und legen diese zu den Akten. So haben Sie die Möglichkeit, zu einem späteren Zeitpunkt nachzuvollziehen, warum bestimmte Änderungen vorgenommen wurden.

14.3 WAS GESCHIEHT MIT DER KRANKENKASSE?

Spätestens mit dem Wechsel ins Hauptgewerbe müssen Sie sich selbstständig sozialversichern. Auch dafür lohnt es sich, vorauszuplanen: Wann überschreiten Sie die Umsatzgrenze? Wie früh lohnt sich ein Wechsel? Sie sollten allein für die Krankenkasse darauf achten, dass Sie an einen Wechsel ins Hauptgewerbe denken, sobald Ihr Gewerbe einen überwiegenden Anteil Ihrer

Tätigkeit darstellt. Die Krankenkasse überprüft während Ihres Nebengewerbes, welche Tätigkeit Vorrang hat. Überprüft die Krankenkasse dies und stellt – auch rückwirkend – fest, dass Ihr Gewerbe einen größeren Anteil einnimmt, als eine Nebentätigkeit sollte, kann sie Rückzahlungen verlangen.

Ein Beispiel: Sie haben Ihr Gewerbe als Nebentätigkeit bei der Krankenkasse angemeldet. Nun stellt sich aber heraus, dass Sie in der zweiten Hälfte des Jahres weit über die Stundenanzahl gekommen sind, die eine Nebentätigkeit verlangen sollte. Auch Ihre Einnahmen waren weitaus höher als erwartet. Fällt dies bei der Beurteilung auf, dann kann die Krankenkasse rückwirkend Nachzahlungen verlangen.

Vermeiden können Sie hohe Rückzahlungen, wenn Sie den Umfang und die Einnahmen Ihrer Tätigkeit in Bezug auf die Krankenkassengrenzen sorgsam im Blick haben. Denken Sie rechtzeitig an einen Wechsel ins Hauptgewerbe, um die Zahlungen zu vermeiden. Die neuen Beiträge werden dann auf Basis der aktualisierten Einnahmen berechnet. Wenden Sie sich für eine detaillierte Beurteilung sicherheitshalber rechtzeitig an Ihre Krankenkasse.

14.4 ÜBERGANGSPHASE SICHER GESTALTEN

Die Übergangsphase kann eine neue kleine Herausforderung werden. Deshalb sollten Sie diese Phase gut planen und sicher gestalten. Bereiten Sie sich vor allem gut auf die neue Phase vor und planen Sie Ihren Übergang rechtzeitig. Am besten denken Sie über den Schritt nach, sobald Sie merken, dass Sie entweder

- mental und finanziell bereit für den Schritt ins Hauptgewerbe sind oder
- sehr nah an die Umsatzgrenze kommen und wohl oder übel bald zur Regelbesteuerung wechseln müssen.

Wenn Sie gut Buch über alle Bereiche Ihres Gewerbes führen, werden Sie schnell erkennen, wann der richtige Zeitpunkt ansteht. Auch deshalb lohnt es sich von vornherein, alles sorgsam zu dokumentieren.

14.4.1 Der beste Zeitpunkt für den Wechsel

Der beste Zeitpunkt für den Wechsel zum Hauptgewerbe hängt von Ihren persönlichen Umständen ab. In vielen Fällen lohnt es sich jedoch, den Jahreswechsel abzuwarten. Das kann einerseits aufgrund des gleichzeitigen Wechsels in die Regelbesteuerung der Fall sein, andererseits auch einfach aufgrund der Übersichtlichkeit während der Buchführung. Vielen Menschen fällt es leichter, einen Überblick zu behalten, wenn solche Termine auf den Jahreswechsel fallen – der Wechselzeitpunkt ist rückblickend einfacher zu merken, als wenn Sie einen willkürlich gewählten Monat aussuchen. Je nachdem, zu welchem Zeitpunkt im Jahr Sie den Wechsel beschließen, haben Sie außerdem noch ein gutes Stück Zeit zum Planen und zum Einleiten der Übergangsphase.

Sie müssen allerdings bedenken, dass es zu diversen Nachzahlungen und Rückfragen des Finanzamtes kommen kann, wenn Sie bereits Mitte des Jahres zu hohe Einnahmen verzeichnen, den Wechsel zum Hauptgewerbe und zur Kaufmannseigenschaft jedoch erst zum Jahresende übernehmen. Sie müssen also ggf. entweder über einen früheren Wechsel nachdenken oder aber Ihre Einnahmen im Blick (und eventuell in Grenzen) halten.

Die Wahl des Zeitpunktes hängt außerdem von Ihren restlichen Lebensumständen ab. Wann können Sie sich die Kündigung bei Ihrem derzeitigen Haupterwerb erlauben? Möglicherweise möchten Sie noch bestimmte Projekte abschließen, Urlaubszeiten abwarten oder so lange bleiben, dass Sie erhaltenes Weihnachtsgeld behalten dürfen? Es kann viele Gründe geben, den Zeitpunkt auf einen bestimmten Termin im Jahr zu verlegen – es ist immer davon abhängig, was sich in Ihrem Leben derzeit bewegt. Vielleicht gibt es auch besondere Umstände im Leben Ihres Partners, die eine Rolle spielen (beispielsweise, wenn Sie derzeit Alleinverdiener sind und Ihr Partner auf Arbeitssuche). Überdenken Sie daher stets alle Lebensumstände genau. Die folgenden Bereiche sollten zumindest kurz Ihre Gedanken kreuzen:

- Welche unerledigten Dinge im Rahmen Ihres derzeitigen Haupterwerbs möchten Sie abwarten?

- Lässt die derzeitige Situation Ihres Partners den Wechsel zu?

- Gibt es Zahlungen, auf die Sie warten möchten, oder Termine, die damit verbunden sind (beispielsweise Weihnachtsgeld)?

- Lassen private Termine den Wechsel zu oder stehen zahlreiche Verpflichtungen der vermehrten Arbeit im Weg? Sind Sie beispielsweise gerade dabei, ein Haus zu bauen oder zu renovieren, werden Sie möglicherweise keine Zeit für den Wechsel in das Hauptgewerbe haben.

- Lässt die finanzielle Situation den Wechsel derzeit zu oder ist auf Zahlungen, Rechnungen oder Ähnliches zu warten?

Wenn Sie sich ausreichend Zeit nehmen, werden Sie sicherlich den geeigneten Zeitpunkt für den Wechsel herausfiltern. Auch dies können Sie mit Ihrem Steuerberater durchsprechen.

14.4.2 Notwendige Veränderungen

Überlegen Sie sich, welche notwendigen Veränderungen vorgenommen werden müssen. Wird Ihr Nebengewerbe zum Hauptgewerbe, müssen Sie dafür sorgen, dass Sie dafür ausgerüstet sind: Haben Sie ausreichend Mitarbeiter und Standorte oder müssen Sie vergrößern? Kennen Sie sich mit der doppelten Buchführung aus? Haben Sie sich um Versicherungen gekümmert? Müssen Sie Ihren Kundenstamm erweitern? Berücksichtigen Sie insbesondere die folgenden Aspekte und überdenken Sie, welche Veränderungen in der Übergangsphase organisiert werden sollten:

1. Benötigen Sie mehr Mitarbeiter? Wann sollten Sie Ausschreibungen aushängen und Bewerbungsphasen einleiten?

2. Benötigen Sie einen weiteren Standort? Oder möchten Sie einen weiteren Standort aufbauen?

3. Kennen Sie sich mit der Buchführung eines Kaufmanns aus oder sollten Sie dazu ggf. noch einen Kurs belegen?

4. Werden Sie mehr Kunden benötigen und wenn ja – wie akquirieren Sie einen neuen Kundenstamm?

5. Haben Sie alle wichtigen bestehenden Kunden über die anstehende Veränderung in Bezug auf die Regelbesteuerung informiert?

Fragen Sie sich insbesondere auch, welche Veränderungen die Kündigung Ihres derzeitigen Haupterwerbs mit sich bringt und ob Sie für diese bereit sind. Ein paar Beispiele:

1. Haben Sie derzeit (ausschließlich) ein Dienstauto, das Sie abgeben müssten? Benötigen Sie ein weiteres Fahrzeug für das Gewerbe oder Ihren Alltag?

2. Welche Sonderzahlungen und -leistungen gehen mit Ihrem derzeitigen Hauptjob einher?

3. Welche Arbeitszeiten haben Sie derzeitig und wie würden die sich mit dem Schritt zum Hauptgewerbe verändern?

4. Welche Vorteile erhalten Sie derzeit durch den Hauptjob, die Sie aufgeben müssten (beispielsweise Versicherungen, Reisemöglichkeiten, Unterkünfte, Vergünstigungen für den ÖPNV, kostenlose Teilnahme an Fortbildungen und Kursen)?

5. Welche Kontakte würden Sie nicht mehr automatisch sehen und welche davon möchten Sie halten (sowohl privater Natur – beispielsweise lieb gewonnene Kollegen – als auch beruflicher – beispielsweise interessante Geschäftspartner)?

Haben Sie derzeit keinen anderen Job, weil Sie beispielsweise studieren oder sich um den Haushalt und die Kindererziehung kümmern? Dann überlegen Sie genau, ob Sie bereit sind, Ihren Lebensstil vollkommen umzugestalten und hauptsächlich auf die Gewerbearbeit zu fokussieren.

1. Sind Sie bereits weit im Studium fortgeschritten und schaffen den Wechsel zeitlich?
2. Sollten Sie ggf. Prüfungszeiträume und Abschlussarbeiten abwarten?
3. Sind Sie bereit, sich wieder voll und ganz auf einen Job zu konzentrieren (etwa, weil die Kinder bald ausziehen oder weil Sie Hilfe im Haushalt haben)?
4. Welche lieb gewonnenen Gewohnheiten müssten Sie aufgeben, weil das Hauptgewerbe keinen Raum dafür lassen wird?
5. Wie würde sich Ihre Tagesstruktur verändern?

Sie sehen schon: Es gibt viel zu bedenken, wenn Sie den Schritt ins Hauptgewerbe wagen möchten. Je mehr Zeit Sie sich für die Planung nehmen, desto einfacher wird der Weg jedoch. Deshalb lohnt es sich, früh darüber nachzudenken und langsam die nächsten Schritte vorzubereiten. Das können große Veränderungen sein: etwa die Angestelltensuche, wenn Sie mehr Mitarbeiter benötigen, oder einen Kurs über die Buchhaltung eines Kaufmanns belegen. Es kann sich aber auch um simple Kleinigkeiten aus dem Alltag handeln, die Sie im Blick haben möchten: Beispielsweise neue Sportkurse suchen, die zu Zeiten stattfinden, die sich mit Ihrem Hauptgewerbe vereinbaren lassen. Sind Sie derzeit ausschließlich im Kleingewerbe/Nebengewerbe tätig, haben Sie möglicherweise Zeit, einen Kurs mitten am Tag zu besuchen – das wird zukünftig wahrscheinlich nicht mehr der Fall sein. Es sind diese Kleinigkeiten, die dazu beitragen, die Übergangsphase reibungslos und stressfrei zu gestalten. Eine lieb gewonnene Gewohnheit müssen Sie häufig nicht aufgeben – sondern nur anders strukturieren. Das Gleiche gilt beispielsweise für das Dienstauto: Benötigen Sie im Alltag wirklich ein Auto oder können Sie sich ausreichend mit dem ÖPNV vertraut machen? Unterschätzen Sie nicht, welchen Unterschied kleine Vorbereitungen wie diese machen können. Aber nun vorerst: Viel Erfolg auf Ihrem weiteren Weg.

15. Startschuss!

Kommen wir zu einigen abschließenden Worten: Sie haben in diesem Buch viel darüber gelernt, was es bedeutet, ein Kleingewerbe zu gründen. Das Kleingewerbe kann der Schritt zur Erfüllung des Traums von der Selbstständigkeit sein. Es ermöglicht Ihnen einen sanften Start in die Selbstständigkeit, sodass Sie hauptberuflich noch in Ihrem alten Job verweilen können. Sie haben nun viel über die Vorteile und Risiken gelernt und wissen, auf welche Details Sie achten müssen. Nun geht es nach all dem Theoriewissen an die Praxis. Blättern Sie gerne jederzeit wieder zu den entsprechenden Kapiteln zurück, wenn Sie noch Fragen haben. Legen Sie sich die Schritt-für-Schritt-Anleitungen auch gerne neben sich, wenn Sie Anträge ausfüllen.

Ein abschließender Tipp: Informieren Sie sich immer auch über aktuelle Änderungen. Schließlich kann es immer vorkommen, dass eine Gesetzesveränderung für neue Regelungen sorgt. Schauen Sie also im Zweifelsfall nach, auf welchem Stand die derzeitigen Regelungen und Bögen sind. So können Sie sicherstellen, dass Ihnen nichts entgeht.

Als Letztes sei Ihnen noch dies nahe gelegt: Es ist nur allzu verständlich, wenn Sie noch Sorgen und Unsicherheiten haben. Der Schritt in die Selbstständigkeit erfordert immer Mut und Durchhaltevermögen. Doch es kann sich lohnen! Seien Sie mutig und probieren Sie sich aus. Und verzweifeln Sie nicht, wenn mal etwas nicht nach Plan läuft oder Sie Fehler machen. Fehler zu machen, gehört insbesondere am Anfang einfach dazu. Aber Sie wissen ja: Aus Fehlern lernt man. Und das ist kein einfach daher gesagter Kalenderspruch. Sie werden selbst sehen, dass Sie mit jeder Erfahrung reicher werden, mit jedem gewagten Schritt ein wenig klüger und bald den Dreh heraushaben. Also worauf warten Sie noch? Ihr Traum von der Selbstständigkeit ist nur einige Schritte von Ihnen entfernt!